Sträucher bestimmen – leicht gemacht

W0208355

● Bestimmungsteil (Seite 60 bis 207

Farbfotos von Wild- und Ziersträuchern, Habitus, Blätter, Blüten, Früchte und Rinde und Steckbrieftexte mit Beschreibungen aller wichtigen Erkennungsmerkmale und ähnlicher Arten.

● GU Kennfarben-Code

(siehe gegenüberliegende Klappe)

Farbige Kennstreifen und Blattsymbole führen zu den vier Sträuchergruppen:

- Kennfarbe Gelb: Sträucher mit ungeteilten, glattrandigen Blättern
- Kennfarbe Grün: Stäucher mit gezähnten, gesägten, gekerbten oder gelappten Blättern
- Kennfarbe Blau: Sträucher mit zusammengesetzten (gefiederten) Blättern
- Kennfarbe Lila: Sträucher mit nadel- oder schuppenförmigen Blättern

● »Sträucher mit eßbaren Früchten« (hintere Klappe)

Eine Auswahl von Wild- und Zierstäuchern mit eßbaren Früchten

← Bitte aufklappen!

Dieser GU Naturführer wurde auf umweltfreundlichem Papier gedruckt. Das Papier ist säurefrei hergestellt und chlorfrei gebleicht, biologisch abbaubar und kann mehrfach wiederverwendet werden.

Fruchtende Preiselbeere *(Vaccinium vitis-idaea)* vom Lukmanier-Paß

Hinweis und Warnung

- Viele Beeren oder beerenartige Früchte von Zier- und Wildsträuchern sind ungenießbar oder schwach bis tödlich giftig!
- Beachten Sie die Hinweise auf Eßbarkeit, Ungenießbarkeit und Giftigkeit!
- Zum sicheren Erkennen müssen Sie jedes einzelne der beschriebenen Erkennungsmerkmale und die dazugehörige Abbildung mit der Pflanze, die Sie gefunden haben, genau vergleichen. Stimmt auch nur ein Merkmal nicht, müssen Sie davon ausgehen, daß es sich bei Ihrem Fund nicht um die beschriebene Frucht handelt!
- Sammeln Sie zum Verzehr nur solche Früchte, die Sie genau kennen!

GU Naturführer

Sträucher
in Natur und Garten

Wichtige Wildsträucher und Ziergehölze Europas bestimmen, kennenlernen, pflanzen
Ratgeber: Sträucher im Garten

Bruno P. Kremer

500 Naturfarbfotos
bekannter Fotografen
30 Zeichnungen
von Marlene Gemke

GU GRÄFE UND UNZER

Inhalt

Krähenbeeren im Rauhreif

Sträucher kennenlernen

Foto Umschlagvorderseite: Blühende Strauchrose.
Foto Seite 2/3: Der Monetsche Garten im Herbstaspekt.

Sträucher erleben

Sträucher bestimmen

Sträucher pflanzen

Sträucher prägen ebenso wie Bäume das Bild unserer Landschaft. Im Frühjahr sind sie mit weißen, gelben oder roten Blüten übersät. Im Sommer bilden sie grüne Säume entlang von Waldrändern, Wegen und Straßen. Im Herbst prangen sie im bunten Laubkleid oder tragen auffallend gefärbte Früchte. Darüber hinaus bieten sie Lebensraum, Schutz und Nahrung für eine Vielzahl von Tieren.
Der neue GU Naturführer Sträucher stellt die häufigsten Wildsträucher, aber auch zahlreiche Ziersträucher für den Garten vor. Brillante Naturfarbfotos zeigen Erscheinungsbild, Blattformen, Blüten und Früchte, dazu Details wie Knospen, Rinde, Dornen und Stacheln. In den Steckbrieftexten werden Aussehen, Blütezeit, Vorkommen und charakteristische Erkennungsmerkmale sowie ähnliche Arten beschrieben. Außerdem erfahren Sie, welche Standortbedingungen die jeweilige Art bevorzugt und welchen Wert sie für die heimische Tierwelt hat. Der bewährte GU Kennfarben-Code macht das Bestimmen auch für den botanisch Unerfahrenen leicht: Zum schnellen Auffinden sind die Sträucher nach ihren Blattformen in vier Gruppen eingeteilt.
Der neue GU Sträucherführer ist aber mehr als nur ein Bestimmungsbuch. In den Kapiteln “Sträucher kennenlernen” und “Sträucher erleben” werden die verschiedenen Wuchsformen der Sträucher vorgestellt, ihr unterschiedliches Erscheinungsbild in den vier Jahreszeiten und ihr Wert als Lebensraum für Tiere aufgezeigt.
Im Kapitel “Sträucher pflanzen” geht es um die Pflanzung von Wild- und Ziersträuchern in freier Natur und im Garten.

Viel Freude am Bestimmen und Pflanzen von Wild-und Ziersträuchern wünschen Ihnen Autor und GU Naturbuch-Redaktion.

Verzierte Kulturlandschaft: Schlehen schmücken die Flur mit dem ersten Blütenkleid

Sträucher kennenlernen

Unseren Lebensraum teilen wir fast überall mit Pflanzen. Viele von ihnen sind allerdings so klein, daß man sie schlicht übersieht oder kaum beachtet – der Algenbelag der alten Mauer, die Moospolster in den Pflasterfugen oder die Gräser und Kräuter zwischen Asphalt und Beton. Sträucher und Bäume dagegen fallen ins Auge. Sie begleiten im Siedlungsraum Straßen und Wege und bilden in Gärten und Parks wichtige Grüninseln. Außerdem dienen sie in der gesamten Kulturlandschaft als schmückende, gliedernde Kulissen. Ihr typisches Kennzeichen ist die Verholzung nahezu aller Gewebe in Wurzel- und Sproßachsensystem. Sträucher und Bäume nennt man daher Holzpflanzen oder Gehölze.

Was ist ein Strauch?

Es gibt unter den Gehölzen Bäume, die kaum streichholzhoch werden, und andererseits Sträucher, die einen Baum in den Schatten stellen.

Was ist ein Baum?

Unter einem Baum versteht man ein Gehölz mit deutlicher Untergliederung in einen aufrechten, kräftigen Hauptstamm und eine astreiche Krone. Auch wenn Bäume im Freistand sehr tief mit Ästen besetzt sein und daher buschig aussehen können, bleibt bei den meisten der untere Teil des Stammes astfrei. Erst weiter oben verzweigt sich die tragende Stammsäule in mehrere große aufstrebende Hauptäste.

Was ist ein Strauch?

Sträuchern fehlt der eindeutige, aufragende Hauptstamm. Ihre Sproßachse verzweigt sich unmittelbar über dem Boden in mehrere ungefähr gleichstarke Stämme und bildet schon wenige Handbreit über dem Boden dichte, buschige und undurchdringliche Gestalten. Einen Strauch könnte man daher als Baumkrone bezeichnen, die unmittelbar dem Boden aufsitzt. Verzweigungsmuster und Stellung der Äste sind bei Sträuchern und Baumkronen meist sehr ähnlich. Es kann bei einzelnen Arten aber auch Abweichungen geben.

Zum Bild: Einzelner, kräftiger Stamm und abgehobene, weit ausladende Krone – ein Baum wie aus dem Bilderbuch. Der Weißdorn konnte sich allein auf weiter Flur und ohne Konkurrenz zu einem prächtigen Freistandexemplar entwickeln.

Übergangslösungen

Von den eigentlichen, in allen tragenden Teilen voll verholzten Sträuchern muß man die sogenannten Halbsträucher unterscheiden – Pflanzen, die fließende Übergänge zu Kräutern oder Stauden erkennen lassen. Nur ihre Stämmchenbasis und die Hauptäste sind bis ins Mark verholzt. Die jüngeren Zweige bleiben dagegen noch eine ganze Weile grün, weich und krautig. Im Unterschied zu Kräutern und Stauden überdauern sie allerdings die Herbst- und Wintermonate, verlängern sich mit dem Wiederbeginn der Wachstumssaison durch Spitzenwachstum und verholzen gewöhnlich erst im zweiten oder dritten Jahr. Viele bewährte Duft- und Aromapflanzen wie Salbei oder Thymian sind keine Kräuter und auch keine richtigen Strauchgehölze, sondern Halbsträucher.

Eine ganze Reihe von Gehölzarten können sich sowohl zur Strauch- als auch zur Baumgestalt entwickeln. Bekannte Beispiele aus der heimischen Gehölzflora sind der Schwarze Holunder, der meist als Busch vorkommt, aber auch (vor allem im Freistand) Baum sein kann. Ebenso verhält es sich bei der Stechpalme, die beachtliche Größe erreicht.

Unter besonderen Wuchsbedingungen unterliegen selbst sehr festgelegte Gehölzarten einem markanten Gestalt-

Baum oder Strauch?

Zaubernuß in winterlicher Blütenpracht

Zum Bild: Trotz respektabler Wuchshöhe ist die Zaubernuß mit ihrer ausgeprägten Vielstämmigkeit und der niedrig ansetzenden Krone ein richtiger Strauch.

wandel: Die Rotbuche, die üblicherweise imposante Baumgestalten zuwegebringt, wird nahe der klimatischen Baumgrenze im Hochgebirge oder in Nordeuropa zum breitwüchsigen Strauch mit bodenanliegenden Ästen. Auch ist der deutsche Name nicht immer eine zuverlässige Entscheidungshilfe: Buchsbaum, Essigbaum, Sadebaum oder Spindelbaum zum Beispiel sind keine Bäume sondern mittelgroße bis große Sträucher. Während sich eigentlich nur wenige Gehölzarten in Abhängigkeit von ihren Standortverhältnissen zwischen Strauch- oder Baumwuchs entscheiden können, läßt die Natur den Gestaltwechsel zwischen Halbstrauch und Strauch oder Baum nicht zu. Ebenso kennt man auch keine Halbbäume. Wichtig für das Erscheinungsbild eines Strauches ist natürlich seine Verzweigungsdichte. Mache Arten entwickeln nur wenige Hauptäste, andere bauen nahezu undurchdringliche Dickichte auf. Sträucher können außerdem geschlossen schlank und fast säulenförmig oder ausladend breit wachsen. Ihr Gesamtbild hängt davon ab, ob jeweils die unteren Äste stärker gefördert werden (wie beim Wacholder) oder die oberen (wie beim Holunder).

Wuchsformen – ein Thema mit Variationen

Lebensstil und Wuchsgestalt der Gehölze bedingen sich häufig gegenseitig. Da sich auch die Strauchgehölze in der Naturlandschaft an höchst unterschiedlichen Lebensgemeinschaften beteiligen, standen sie häufig unter dem Zwang besonderer ökologischer Verhältnisse. Wer besondere Standorte erobern und beanspruchen möchte, muß auch entsprechende Anpassungen in Gestalt und physiologischer Leistung erbringen. Allein die europäische Strauchflora führt uns dazu einige recht eindrucksvolle Beispiele vor Augen:

Immergrüne

Da gibt es etwa die Hartlaubsträucher, deren mehrjährige, immergrüne Blätter sich sehr derb und ledrig anfühlen, während die Blätter der sommergrünen Laubgehölze ziemlich dünnhäutig und weich bleiben. Bei den Hartlaubarten wird die äußere Blatthaut (Epidermis) durch gezielte Zellwandverdickungen eigens ausgesteift. Eine Wachsimprägnierung der Oberfläche dichtet zusätzlich ab und garantiert dadurch einen noch besseren Verdunstungsschutz. Die betreffenden Arten sind daher auf anhaltende sommerliche Trockenheit optimal vorbereitet.

Immergrüne, derblaubige Arten wie Buchsbaum oder Stechpalme schätzen den trockenwarmen Süden, reichen mit ihren Vorkommen aber auch weit in die wintermilden Gebiete des westlichen Mitteleuropa hinein. Der Lorbeer ist dagegen schon ein echter Südländer, der bei uns einen besonderen Winterschutz erfordert und nur ausnahmsweise im Freien überwintert werden kann.

Allen diesen Hartlaubarten macht es vergleichsweise wenig, wenn sie über Wochen einmal nur wenig Wasser bekommen, denn sie gehen mit dem kostbaren Naß durch ihren hervorragenden Verdunstungsschutz besonders wirtschaftlich um.

Rutensträucher

Eine ebenfalls recht beeindruckende Anpassung an unzuverlässige oder recht knapp bemessene Wasserversorgung zeigen die Rutensträucher. Ihre Blätter sind gewöhnlich recht kleinflächig und können aus Gründen der Wasserökonomie schon sehr frühzeitig abgeworfen werden. Die lebenserhaltende Aufgabe der lichtgetriebenen Stoffproduktion durch Photosynthese fällt bei diesen besonderen Strauchgehölzen vor allem den schlanken, grünen Ästen und Zweigen zu. Überzeugende Ansätze in Richtung solcher Anpassungleistungen zeigt beispielsweise der Besenginster mit seinen

Zum Bild: Die Stechginster-Arten verzichten auf Flachblätter. Die zum Leben notwendigen Stoffe produzieren sie in den grünen Geweben der spitzen Dornen.

Stumpfblättrige Weide im Blühstadium

schlanken, dunkelgrünen und auf langen Strecken unbeblätterten Zweigen. Er kann sehr trockene und steinige Böden ungleich erfolgreicher besiedeln als Straucharten mit der für Mitteleuropa sonst typischen Breitblattbelaubung. Der kleine Flügelginster, ein Spezialist für Sandfluren und Trockenrasen, gehört ebenfalls in diese Artengruppe. Auch Pfriemenginster und Stechginster verlagern den Hauptteil ihres Stoffwechsels in Äste und Zweige. Eine einzigartige Besonderheit zeigt der Mäusedorn. Bei dieser Pflanze verbreitern sich die Zweige blattartig, um eine größere Auffangfläche für die energieliefernden Sonnenstrahlen verfügbar zu haben.

Spaliersträucher

Einen Strauch stellt man sich üblicherweise als respektables, mindestens mannshohes Holzgewächs vor. An Sonderstandorten weichen die Sträucher von diesem Bild erheblich ab. Oberhalb der Waldgrenze im Hochgebirge oder in der klimatisch vergleichbaren arktischen Tundra kommen ungewöhnlich kleinwüchsige Weiden-Arten vor, zum Beispiel die Netz-Weide oder die Kraut-Weide. Von diesen Gehölzen sind oft nur die streichholzlangen Endabschnitte der Stämmchen oder Äste zu sehen, die aus dem Boden ragen. Der größere Teil der Pflanzen wächst kriechend unterirdisch. Man bezeichnet sie als Spaliersträucher. In teppich- oder rasenartig dichten Beständen schmiegen sie sich eng zusammen, entgehen damit dem Angriff des Windes und können in der kalten Jahreszeit den Kälteschutz der

Zum Bild: Spaliersträucher, wie die alpinen Zwergweiden, gehören mit ihrem Streichholzformat zu den kleinsten Gehölzen überhaupt.

Alpen-Bärentraube im Herbstaspekt

Schneedecke nutzen. Fast ist man versucht, diese hölzernen Winzlinge als natürliche Bonsais zu bezeichnen. Während jedoch das künstlerisch gestaltete Kleinholz aus dem fernen Osten durch Pflege, Schnitt und Blumendraht in die entsprechende Form gebracht wird, ist die Form der arkto-alpinen Spaliergehölze weitgehend durch das Erbgut festgelegt und eine Antwort auf die sehr kurzen Produktions- bzw. Wachstumszeiten ihrer kalten, schneereichen Standorte.

Zwergsträucher

Während Spaliersträucher gleichsam natürliche Bodendecker sind und kaum einmal um mehr als Fingerlänge aufragen, bilden die Zwergsträucher die anschließende Größenklasse. Hierzu gehören beispielsweise Krähenbeere, Preiselbeere, Blaubeere, Heidekraut und Zwerg-Birke. Irgendwo zwischen handbreit- oder kniehoch, bilden sie ebenfalls sehr dichtwüchsige, dem Angriff von Wind und Wetter trotzende Kleinstgebüsche, die sich durch optimale Bodenwärmenutzung und infolge auffälliger Kleinlaubigkeit auch durch sehr wirksamen Verdunstungsschutz auszeichnen. Sie können ebenfalls Standortprobleme meistern, an denen andere Laubsträucher erbarmungslos scheitern würden. Nicht von ungefähr sind ausgedehnte, flächenüberspannende Zwergstrauchheiden in den Hochgebirgen und der arktischen Tundra verbreitet. Die wenigen Moor- und Heidegebiete Mitteleuropas spiegeln diese besonderen Lebensbedingungen nur ausschnitthaft wieder, tragen aber ebenfalls eine sehr

Zum Bild: Nur sommergrüne Laubsträucher veranstalten im Herbst einen solchen Farbenzauber.

Unfaßbare Schönheit

Zum Bild: Zwergsträucher – wie diese Preiselbeere – schaffen zusammen mit anderen Arten wie Nadelholzkeimlingen und Becherflechten einen Lebensraum der kleinen Dimensionen, dessen Vielseitigkeit man meist übersieht.

kennzeichnende und überwiegend aus Zwergsträuchern zusammengesetzte Gehölzvegetation.

Stachel- und Dornsträucher

Wenn die Hose an der Brombeerranke hängenbleibt oder die Hand versehentlich in einen Stechginster langt, fühlt man sich „unangenehm" berührt. Viele Pflanzen legen eine geradezu peinliche Eindringlichkeit an den Tag, die jede leise Berührung und erst recht den herzhaften Zugriff zur unliebsamen Akupunktur werden läßt.

In der eindrucksvoll handgreiflichen Wehrhaftigkeit vieler Pflanzen drückt sich ein folgenschwerer ökologischer Sachverhalt aus: Die Feststellung, daß es ohne Pflanzen kein tierisches und menschliches Leben geben kann, klingt plausibel und beinahe selbstverständlich. Weniger banal und sogar sehr erstaunlich ist aber auch die Umgekehrung dieser Weisheit: Zumindest die höheren Pflanzen gäbe es sicherlich nicht in der uns heute vertrauten Gestalt, hätten sie sich nicht seit Urzeiten gegen Tiere zur Wehr setzen müssen. Deren Fraßgier hat während vieler Jahrmillionen der Evolution unter den Pflanzen eine wahrhaft strenge Auslese gehalten, die man ebenso gut auch als gegenseitiges Wettrüsten beschreiben könnte.

In jeder natürlichen Lebensgemeinschaft fällt den grünen Pflanzen nun einmal die etwas undankbare Aufgabe zu, für die Vielzahl der tierischen Vegetarier als Nahrung dienen zu müssen. Es blieb indessen nicht bei der bloßen Passivität. Mit der Zeit entwickelten die Pflanzen immer raffiniertere und variantenreichere Antworten auf die Zudringlichkeiten der Pflanzenfresser. Viele Pflanzen setzen sich mit Gift oder üblem Geschmack, mit Dornen und Stacheln zur Wehr – sie wurden bestechend und rundum geradezu unfaßbar. Wenn Sträucher wie Rankrosen, Berberitze und Schwarzdorn gleichsam zu allseitig bewehrten Festungen werden, wehren sie sich erfolgreich gegen die großen Wiederkäuer. Gegen Insektenlarven allerdings, die ihr grünes Menü im vielspitzigen Dickicht ohne weiteres erreichen, können sie indessen nichts ausrichten.

Die Mittel sind verschieden, aber der Zweck der gleiche:

Von Stacheln spricht man immer dann, wenn sich der wehrhafte Haken aus dem Oberflächengewebe von Stengel oder Stielen entwickelt. Die Stachelbeere trägt ihren Namen zu Recht. Brombeeren und Rosen sind ebenfalls Stachelsträucher.

Dornen sind dagegen immer vollständig umgewandelte Blätter (wie bei der Berberitze) oder auch Zweige (wie beim Schwarzdorn).

Efeu (oben), Waldrebe (unten)

Schling- und Kettersträucher

Manchmal erreichen die Pflanzen mit ihren Sonderanpassungen gleich mehrere Ziele: Die langen, rückwärts gebogenen Stachel an den Zweigen und auf den Blattunterseiten von Brombeeren und Rosen sind nicht nur ein prächtiges Verhütungsmittel, sondern auch eine technisch perfekte Kletterhilfe, die nach dem Spreizhaken- und Klettereisen-Prinzip arbeitet. Brombeergestrüpp und Rosenhecken sind ja gerade deswegen so völlig undurchdringlich, weil die einzelnen Äste und Zweige sich auch gegenseitig Halt bieten und an anderen Unterlagen verhaken.

Durchaus ungewöhnliche Holzpflanzen sind neben den Spreizklimmern auch die nach Lianenmanier aufsteigenden Schling- und Windepflanzen, die Mauerwerk, Drahtzäune oder die Kronenregion anderer Gehölze mühelos vereinnahmen. In der heimischen Gehölzflora ist dieser Wuchstyp mit dem Wald-Geißblatt vertreten. Die besonders hochreichende Waldrebe klettert mit Hilfe ihrer robusten Blattstiele. Sie kann in manchen Lebensgemeinschaften, zum Beispiel an den gewässerseitigen Säumen von Auenwäldern oder an Waldrändern, meterhohe und sehr dichte Vorhänge bilden, deren Stengelgewirr den Lianen der tropischen Regenwälder kaum nachsteht. Schlingsträucher haben immer einen festgelegten Windungssinn. Wenn die Sproßspitze sich in Wachstumsrichtung gegen den Uhrzeigersinn bewegt, ist der Strauch ein Linkswinder. Fast alle Windepflanzen verhalten sich so. Nur die Geißblattarten sind Rechtswinder.

Selbst unter den eingeführten Ziergehöl-

Zu den Bildern: Die armstarken Stämme des Efeus (oben) bilden an der Kontaktstelle feine Haftwurzeln. Waldreben (unten) klettern mit den Blattstielen.

Dreispitzige Jungfernrebe mit rotem Herbstlaub

zen gibt es ausgesprochen raschwüchsige Emporkömmlinge: Der Blauregen ist ein linkswindender Schlingstrauch. Der heimische Efeu, der Mauern überwältigt, an Bäumen stammaufwärts geht und sich in deren Krone querlegt, ist ein Wurzelkletterer, der überall festigenden Kontakt mit seiner Wuchsunterlage sucht. Besonders raffinierte Haftscheiben weisen manche Jungfernreben auf, die sogar völlig glatte Hausfassaden bewältigen. Trotz beachtlicher Wuchshöhe bilden gerade diese Holzpflanzen nur ein recht schmächtiges Achsensystem aus, denn sie müssen ihr Gewicht ja nicht selbst tragen.

Zum Bild: Jungfernreben bewältigen auch sehr glatte Wände. Manche Formen entwickeln dazu an den Ranken besondere Haftscheiben.

Halbparasiten

Ein einzigartiger Sonderfall unter den heimischen Sträuchern sind die immergrünen Misteln – kugelrunde, dichtverzweigte Kleingehölze, die den Boden unter den eigenen Füßen verloren haben und sich statt dessen auf dem Geäst bestimmter Laub- oder Nadelbaumarten ansiedeln und sich damit in besondere Abhängigkeiten begeben. Auf ihrem luftigen Sitzplatz ist eine normale Wasserversorgung nicht möglich, denn auch Mistelblätter sind nicht in der Lage, genügend große Wassermengen aufzufangen und im direkten Wege zu nutzen. Folglich müssen sich diese Pflanzen an eine vorhandene und gewöhnlich auch sehr gut funktionierende Wasserleitung anschließen – die Leitbahnen ihrer Wirtspflanzen. Mistelkeimlinge suchen beim Wachstum auf trickreiche und sehr gezielte Weise den Direktkontakt mit den wasserführenden Holzschichten des

Zum Bild: Auf alten Obstbäumen bilden die ökologisch so interessanten Misteln sehr gerne eine immergrüne Dauerbesatzung.

Wirtes und zapfen diese einfach an. Die Stoffdieberei beschränkt sich jedoch nur auf das Wasser und die darin gelösten Mineralsalze. Organische Stoffe wie Zucker oder Aminosäuren, die aus der Produktion der Wirtspflanze stammen, zweigt die Mistel mit Sicherheit nicht für sich ab. Solche Substanzen kann sie selbst herstellen, da sie ja normal grüne und stoffwechselaktive Blätter besitzt.
Pflanzen, die sich im wesentlichen selbst ernähren, aber in Teilbereichen von erzwungenen oder gewährten Stofflieferungen durch einen Partner abhängig sind, nennt man Halbparasiten.

Dunkle Gestalten

Im sommerlichen Laubwald und erst recht am Boden eines immergrünen Nadelwaldes herrscht selbst an einem hellichten Sommermittag Tiefschatten. Aber trotz außerordentlich ungünstiger Lichtverhältnisse wachsen und gedeihen aber auch im geschlossenen Waldbestand einige Strauchgehölze, darunter beispielsweise Wald-Geißblatt, Brombeere, Stechpalme und stellenweise auch Buchsbaum, von Waldbodenkriechern wie Immergrün und Efeu einmal abgesehen.
Wie können solche Arten unter diesen produktionshemmenden Verhältnissen dennoch ein offenbar erfolgreiches Schattendasein führen? Der genauere Vergleich ihrer Belaubung mit den Blättern von Strauchgehölzen lichterer Standorte löst einen Teil dieses Geheimnisses, denn alle benannten Straucharten tragen tief dunkelgrüne, manchmal sogar schwarzgrün aussehende Blätter. Offensichtlich enthalten ihre Blattorgane je Flächeneinheit sehr viel mehr Blattgrün (Chlorophyll) als die der Pflanzen an lichtdurchfluteten Standorten.
Blättern fällt ja grundsätzlich die wichtige Aufgabe zu, als flächig ausgebreitete Antennen möglichst viele Lichtwellen aus der Sonnenstrahlung einzufangen, damit deren Energie die Stoffproduktion in den Blattgeweben antreiben kann. Wenn nur wenig schummeriges Licht vorhanden ist, müssen sie ihre Antennenleistung also mit mehr Farbstoffgehalt verbessern. Gerade die tiefgrüne Färbung mancher Waldbodensträucher ist somit eine bemerkenswerte Anpassungsleistung an die stellenweise doch recht ausgeprägten Schattenseiten ihres Standortes.
Bezeichnenderweise sind es gerade die wenigen immergrünen Laubsträucher der heimischen Flora wie Stechpalme oder Buchsbaum-Arten, die sich gerne im Unterwuchs der Wälder ansiedeln. Nur während der Herbst- und Winterwochen, wenn höhere Sträucher und Bäume ihr Laub abgeworfen haben und kahl dastehen, stehen sie voll im Licht und sind auch dann noch produktiv.

Zum Bild: Neue Rose in alter Umgebung – die Kletterrose „Fugue" ist eine Züchtung aus dem Jahre 1958.

Im Schatten stehen

Sträucher in ihrem Lebensraum

Eigentlich ist es doch sehr erstaunlich daß die in Mitteleuropa von Natur aus heimische Baumflora trotz der Großflächigkeit von Wäldern und Forsten nicht einmal fünfzig verschiedene Arten umfaßt. Ihnen stehen mehr als hundert heimische Straucharten gegenüber. Dennoch ist der natürliche, heimische Gehölzartenbestand vergleichsweise bescheiden – Ausdruck der Folgen eines für die Florengeschichte unseres Raumes sehr folgenreichen Einschnitts, den die verschiedenen Eiszeiten verursachten.

Die Eiszeit ist an vielem schuld

Nur verhältnismäßig wenige Artengruppen haben die Klimaverschlechterung der letzten Jahrzehntausende überlebt, weil ihnen die ost-westlich orientierten Karpaten, Alpen und Pyrenäen den bequemen Rückzug in südlicher gelegene Ausweichquartiere versperrten. In Nordamerika und Ostasien verlaufen die großen Faltengebirge alle in Nord-Süd-Richtung. Hier konnten die wärmebedürftigen Arten viel eher südlichere Gebiete erreichen und überleben. Für Mitteleuropa brachten die Eiszeiten daher eine gewaltige Artenverarmung, was sich im Vergleich zu anderen Gebietsfloren auch in konkrete Zahlen fassen läßt. Bei uns sind heute von Natur aus nur zwei Hartriegel-Arten heimisch. Im klimatisch vergleichbaren Nordamerika begegnet uns dagegen fast der zehnfache Artenbestand. Unsere waldbildenden Gehölze verteilen sich gar nur auf knapp zwei Dutzend verschiedene Arten. In Nordamerika oder Ostasien kommen im gleichen Klimagebiet dagegen mehrere hundert Gehölzarten vor.

Wenn unsere Gehölze in vielen Fällen doch etwas lebendiger und artenreicher aussehen, so geht dies fast immer auf die beteiligten Sträucher zurück. Der Jungwuchs der Bäume und vor allem die Strauchgehölze beleben den Anblick und bereichern die Struktur des Waldes. Gäbe es diese Mannigfaltigkeit der Sträucher nicht, könnte sich ein Waldrand gewiß nicht mit seiner reich gegliederten Stufung so deutlich gegen das Kulturland abgrenzen. Ohne Sträucher fehlten mindestens zwei Stockwerke aus der Höhenschichtung eines naturnahen Waldes: die bodennahe Strauchetage und das Zwischengeschoß, das den Übergang zu den höheren Kronenregionen schafft. Ohne Sträucher wäre auch die gesamte kulturlandschaftliche Flur erheblich ärmer, als sie sich nach Flurbereinigung und Produktionssteigerung ohnehin schon präsentiert.

Natürliche Bestände

Nur verhältnismäßig wenige der aus Wildsträuchern zusammengesetzten Gebüsche unserer Landschaften siedeln tatsächlich auf Standorten, die auch von Natur aus waldfrei sind. Dazu gehören die ausgedehnten Zwergstrauchbestände der hochalpinen Matten und nordischen Tundren, ferner die windexponierten, auf sehr flachgründigen Böden siedelnden Küstenheiden in Westeuropa und als hervorhebenswerte Besonderheit der nur aus einer einzigen Strauchart (der kniehohen, graugrünen Salz- oder Keilmelde) aufgebaute Kleingehölzsaum am Rande der Priele in den Wattgebieten der Nordsee. Im mitteleuropäischen Binnenland gelten die Strauchweidengebüsche in den Ufer- und Verlandungszonen stehender Gewässer, in Niedermooren und Naßwiesen oder am Rande von Hochmooren sowie die verschiedenen Gehölzformationen felsiger Steilhänge entlang der Mittelgebirgstäler als natürliche Strauchgesellschaften. Alle übrigen Strauchvorkommen sind dagegen Ele-

Flurgehölze als Landschaftskulisse

Zum Bild: Gehölze in der freien Flur wie Einzelbäume oder Strauchzeilen sind verbindende Elemente. Sie vernetzen Biotope und halten Lebensräume in Zusammenhang.

mente der Kulturlandschaft und als solche nicht natürlich, sondern bestenfalls naturnah.

Sträucher in der freien Flur

Zwei Faktorengruppen prägen im wesentlichen das Erscheinungsbild der vom Menschen genutzten Kulturlandschaft: Das vorgegebene natürliche Relief mit seinen Höhenzügen, Taleinschnitten oder Verebnungsflächen und die Pflanzendecke in allen ihren Erscheinungsformen. Das bunte Mosaik von Waldgebieten, Grünlandflächen und Ackerfluren bestimmt ganz nachhaltig über Wesen und Wirkung der Niederungsgebiete, der Mittelgebirgsregionen und eines großen Teils der Hochgebirgslandschaft. Was sich dem erdgebundenen Beobachter als lebhafter Wechsel von Flächen mit verschiedenen Nutzungsarten präsentiert, zeigt sich auf Luftbildern oft als wirres Gefüge. Ob solche Landschaftsausschnitte als besonders ästhetisch und harmonisch empfunden werden, hängt im wesentlichen von einem Strukturelement ab:
Völlig unabhängig von der jeweiligen Eigenart des natürlichen Reliefs gilt die Agrarflur immer dann als ausgesprochen schön und erlebniswert, wenn darin auch eine größere Anzahl von Flurgehölzen vorkommt. Gehölze in der Flur – in Form von Gebüschgruppen, Heckenzeilen oder Gruppen von Einzelbäumen – sind unglaublich raumwirksame Versatzstücke oder Kulissen landschaftlicher Szenerien, ob sie nun Wege und Straßen begleiten oder die Parzellengrenzen zwischen Äckern und Fel-

Wohnen und Wirtschaften mit Holz

Zum Bild: Zum ländlichen Anwesen gehört eine lebende Gehölzkulisse.

dern nachzeichnen. Vor allem Sträucher und Bäume – vereinzelt stehend, zu Bändern aufgereiht oder in größeren Gruppen zusammengefügt – betonen die besonderen Formen der Geländegestalt und sind somit unverkennbarer Bestandteil des Landschaftscharakters. Gerade in ländlichen Siedlungen sind sie auch Teil des Ortsbildes und verzahnen sich wirksam mit den Gehölzen der freien Flur – eine An- und Einbindung, wie sie auch aus ökologischer Sicht gar nicht besser beschaffen sein könnte.

Alle aus verschiedenen Straucharten zusammengesetzten Gebüsche und Flurgehölze verdanken ihre Entwicklung und Beschaffenheit dem landnutzenden, wirtschaftenden Menschen und sind somit echte Elemente der Kulturlandschaft. Vor allem Hecken, die es in dieser Form in der Naturlandschaft gar nicht gibt, verdienen in diesem Zusammenhang besondere Beachtung, weil sie neben ihrer wohltuenden optischen Wirkung für die Landschaftsästhetik auch noch außerordentlich wertvolle Kleinlebensräume darstellen. Häufig sind sie aus lebenden Zäunen oder anderweitig der Abgrenzung von Flurstücken dienenden Anpflanzungen hervorgegangen.

Hecken – grünes Band der Sympathie

Hecken sind in Linien oder Bändern angeordnete Strauchgehölze, die meist nicht die volle Wuchshöhe erreichen und im Unterschied zu den unregelmäßiger eingestreuten Flur- und Feldgehölzen nur eine Breite von wenigen Metern aufweisen. Wie breit eine Hecke sein darf, um gegenüber Gehölzrainen oder Feldgebüschen eindeutig abgegrenzt zu werden, läßt sich nicht zentimetergenau festlegen. Weitaus bedeutsamer ist die räumliche Struktur eines solchen Gehölzes, die sich aus der Wechselwirkung von Boden, Klima, Wirtschaftsbedingungen und floristischem Gesamtgefüge der betreffenden Region ergibt. Danach lassen sich Niederhecke, Hochhecke und Baumhecke unterscheiden.

Eine Niederhecke kann ein überwiegend aus Dorngebüsch (beispielsweise Brombeer-Arten) zusammengesetzter Bestand sein oder eine ältere, durch Holznutzung regelmäßig gestutzte (auf den Stock gesetzte) Artengemeinschaft darstellen und Wuchshöhen zwischen ungefähr ein bis zwei Meter haben.

Hochhecken enthalten im Unterwuchs die besonderen Artenensembles der Niederhecke, dazu aber auch Straucharten, die wie Schwarzer Holunder, Roter Hartriegel, Kreuzdorn oder Gemeine Hasel gegebenenfalls bis zur Fünfmetermarke hinaufreichen und vereinzelt sogar schon kleinere Bäume bilden.

Entlang von Weidegebieten kann der Niederstrauchanteil vom Weidevieh sehr stark verbissen und dadurch sichtlich zurückgedrängt werden.

Die Baumhecke schließlich umfaßt neben den Strauchgehölzen auch noch normalwüchsige Bäume wie Gemeine Esche, Schwarz-Erle, Hainbuche, Feld-Ahorn oder Stiel-Eiche in Gruppen oder Reihen. Sie kann darüber hinaus von einer Niedrigstrauch- und einer Hochstrauchschicht ummantelt werden.

Die absoluten Abmessungen dieser Gehölzbeständen sind eigentlich weniger von Belang. Viel entscheidender sind neben ihrer Wuchsform die räumlichen Verteilungsmuster in der freien Flur. Gehölzstreifen, Strauchgruppen oder gemischte Ensembles mit Einzelbäumen versehen das bewirtschaftete Agrarland unübersehbar mit lebendigen Blickpunkten und schaffen damit ein naturnahes, strukturreiches Gliederungsgefüge.

Die wirkliche Bedeutung von Gebüschen, Hecken oder Feldgehölzen liegt in ihrer Aufgabe als Lebensraum. Jede Gehölzgruppe aus Strauchwerk oder ein paar Bäumen innerhalb eines Heckenverbandes sind ungemein interessante, vielfältig gegliederte Kleinlebensräume, die mit ihrem spezifischen Artenbesatz anreichernd und stabilisierend in die Nachbarräume hineinwirken.

Überall in Mitteleuropa haben von Menschen geschaffene lineare Strukturen wie Wege, Straßen, Bahnstrecken, Stromtrassen oder auch Kanäle und andere Wasserbauwerke zu einer starken Zerteilung fast aller Lebensräume geführt. Verinselungen der Kulturlandschaft nennt man diesen Vorgang. Hecken bringen diese Inseln wieder in einen direkten Zusammenhang.

Zum Bild: Strauchweiden entlang von Fließgewässern dienen dem Uferschutz und lieferten früher Ruten für Flecht- oder Bindewerk.

Sträucher als Lebensraum

In einem am Feldrain stockenden Gehölz oder Heckensaum treffen zwei recht gegensätzlich strukturierte Lebensräume aufeinander. Ökologisch ist diese Situation vergleichbar mit einem Waldrand, der unmittelbar an die offene Flur grenzt. Wo der Wald endet und beispielsweise die Mähwiese oder der Hackfruchtacker beginnen, begegnen sich Pflanzen und Tiere aus den Wald- und aus den Agrarökosystemen. Neben den Bewohnern aus den jeweils benachbarten, sich eventuell auch noch stärker verzahnenden Lebensräumen stellen sich zusätzlich auch noch Artengruppen ein, die sich in ihren Biotopansprüchen gerade auf die schmalen Grenzstreifen zwischen den Welten spezialisiert haben. Je mehr unterschiedlich gestaltete und vielfältige Teillebensräume in der Kulturlandschaft aneinanderstoßen und je raumwirksamer die gemeinsamen Grenzsäume ausfallen, um so reichhaltiger setzt sich auch deren Flora und Fauna zusammen.

Flurgehölze

Flurgehölze sind Zwischenstationen von Wald und freier Feldmark, aber eben auch eigenständige Saumgefüge mit eigenständigem Artenbesatz. Ökologisch könnte man die gemischten Busch- und Baumbestände oder die geschlossene Heckenzeile als einen sehr schmalen, langgezogenen Wald auffassen, der nur noch aus seinen zusammengerückten Rändern besteht und daher auf recht kleinem Raum enorm viele artenfördernde Versaumungseffekte zuwegebringt.

Um diese Wirkung gleichsam auch quantitativ vor Augen zu haben, braucht man bei Neuschnee nur einmal durch die Fluren zu wandern und nachzusehen, wohin die meisten Spuren von Hase und Reh, Marder und Fuchs, Wiesel und Rebhuhn führen. Die Erfahrung zeigt auch, daß sich Krähen und Dohlen, Fasane und das ganze Heer der Singvögel am ehesten in Hecken und Gehölzrainen aufhalten, weil sie hier die benötigte Deckung und dazu auch noch reichlich Nahrung finden. Eigentlich müßte man die Verhältnisse sogar umgekehrt betrachten und die kritische Frage stellen, wieviel freie Wirtschaftsfläche die Agarlandschaft denn überhaupt zwischen den Hecken und Gebüschen verträgt, um ökologisch in vertretbarem Maße intakt zu bleiben. Das Leben konzentriert sich also gleichsam am Rande von Hecken bzw. im nahen Wirkbereich von Gebüschrainen. Mehr als 1000 verschiedene Tierarten von der Blattlaus bis zum Säugetier bewohnen diese einzigartigen Lebensadern der Landschaft, leben in und von ihnen.

Zu den Bildern: Gehölze decken für die verschiedensten Tiere den Tisch. Die Raupen des Großen Gabelschwanzes (links) verspeisen die Blätter von Auengehölzen. Die Haselmaus (rechts) bevorzugt ein wohlschmeckendes Fruchtdessert.

Waldmaus sammelt Haselnüsse als Wintervorrat

Zum Bild: Kleintiere haben an heimischen Sträuchern vielfältigen Nutzen. Nistraum und Nahrungsversorgung stehen an ersten Stelle.

Sträucher für Tiere

In einem am Feldrain stockenden Gehölz oder Heckensaum treffen zwei recht gegensätzlich strukturierte Lebensräume aufeinander. Ökologisch kann man diese besondere, nur in der Kulturlandschaft bestehende Situation vergleichen mit einem Waldrand, der mit abgestuftem und räumlich schön gestaffeltem Baumnachwuchs und/oder Strauchbeständen unmittelbar an die offene Flur grenzt. Wo der geschlossene Wald endet und das intensiver genutzte Offenland mit seinen gänzlich anderen Raumstrukturen beginnt, beispielsweise die Mähwiese, das Getreidefeld oder der Hackfruchtacker, begegnen sich gleichsam Arten aus verschiedenen Welten – die Pflanzen und Tiere aus den Wald- und aus den Agrarökosystemen. Neben den Bewohnern aus den jeweils benachbarten, sich eventuell auch noch stärker verzahnenden Lebensräumen stellen sich zusätzlich auch noch Artengruppen ein, die sich in ihren Biotopansprüchen gerade auf die schmalen Grenzstreifen zwischen den Welten spezialisiert haben. Je mehr unterschiedlich gestaltete und auf ihre Weise vielfältige Teillebensräume in der Kulturlandschaft aneinanderstoßen und je raumwirksamer die gemeinsamen Grenzsäume ausfallen, um so reichhaltiger setzt sich auch deren Flora und Fauna zusammen. Flurgehölze sind Zwischenstationen von Wald- und Feldmark, aber eben auch Saumgefüge mit eigenem Artenbesatz. Ökologisch könnte man die bunt gemischten Busch- und Baumbestände oder die geschlossene Heckenzeile etwas überspitzt als einen sehr schmalen, langgezogenen Wald auffassen, der nur noch aus seinen zusammengerückten Rändern besteht und daher auf vergleichsweise kleinem Raum enorm viele artenfördernde Versaumungseffekte zuwegebringt.

Aktion auf allen Ebenen

Die Randsituation, in der sich ein Saumgebüsch, ein Feldgehölz oder eine Flurhecke gleichsam nach allen Seiten hin befindet, führt demnach sehr viele unterschiedliche Arten zusammen. Nur bei genauerem Hinsehen oder längerer Beobachtung erkennt man, wie sehr ein solcher Strauchbestand tatsächlich der Lebensraum verschiedenster Tiergruppen ist. Singvögel oder andere Vogelarten, die sich hier gerne aufhalten, werden vielleicht noch am ehesten auffallen. Die Blindschleiche oder den Grasfrosch, die sich im Unterwuchs verstecken, sieht man nur ausnahmsweise.
Auch wenn eine Gehölzgruppe der offenen Flur im Herbst oder Winter zunächst sehr still und verlassen wirkt, steckt sie doch voller Leben. Viele Kleintiere haben sich in die Streuschicht am Boden zurückgezogen, um hier ihre Winterruhe zu halten. Andere, darunter vor allem die vielen heckenbewohnenden Insektengruppen, überdauern die ungünstige Jahreszeit vielleicht nur als hervorragend getarntes Gelege in einem Zweigwinkel, als gut getarnte oder geschützte Larve in Rindenspalten oder als unauffällige Puppe, die nicht von hungrigen Vögeln gefunden werden möchte. Andere werden auch als fertig entwickelte Vollinsekten mit den weniger einladenden Verhältnissen der Wintermonate fertig. Schon an den ersten sonnigen Februartagen kann man zum Beispiel Zitronenfalter oder Kleinen Fuchs, die eine oder andere Hummel oder kleine Schwärme von Tanzmücken im Heckensaum in Aktion sehen. Zum Frühjahr und Sommer hin verdichtet sich dann die Anzahl aktiver Arten bis zur Unübersichtlichkeit. Winzlinge wie Milben und Blattläuse, dazu auch die eigenartigen Gallwespen oder Gallmücken, Käfer, Schmetterlinge, Waldbienen, Zweiflügler, und zahlreiches anderes „Kleinstgeflügel“ hält sich in den verschiedenen Ebenen eines gestaffelten Gehölzsaumes auf. Nicht selten kann man hier im Sommer auch die eine oder andere Großlibelle auf Patrouillenflug beobachten, denn im Wirkbereich eines Heckensaumes leben viele unvorsichtige Insekten, die diese geschickten Jäger und Räuber während des Fluges überfallen und davontragen können.
Hecken und Gebüsche sind natürlich auch eine durch und durch versponnene

Zum Bild: Kleiner Fuchs auf Ysop. Gerade die blühstarken Aromasträucher sind besondere Anziehungspunkte für die heimische Falterfauna.

Welt, in der Rad- oder Trichternetzspinnen ihre Fanggeräte aufstellen. Das Leben konzentriert sich also gleichsam am Rande von Hecken bzw. im nahen Wirkbereich von Gebüschrainen. Mehr als 1000 verschiedene Tierarten von der Blattlaus bis zum Säuger bewohnen diese einzigartigen Lebensadern der Landschaft – nicht eingerechnet die zahlreichen Gäste, die kommen und gehen oder nur zeitweise bleiben.

Kleinstbiotop

Singvögel, die sich im Gezweig ausruhen oder einfach kommen, um nach fetten Maden oder saftigen Früchten Ausschau zu halten, sind letztlich nicht dauerhaft mit einem bestimmten Strauch verbunden. Für sehr kleine Lebewesen dagegen, die hier den größten Teil ihres Lebenszyklus verbringen, ist ein Strauch gleichbedeutend mit Lebensraum. Genau genommen ist in solchen Fällen aber nicht einmal das komplette Astwerk der Aktionsraum dieser Kleintiere, sondern nur unverhältnismäßig winzige Ausschnitte aus dem Gesamtraum Strauchpflanze. Dies zeigt sich beispielsweise beim genaueren Blick auf Insekten, die zum Beispiel an Zweigen oder Blättern sehr eigenartig geformte Gallen erzeugen. Die Gemeine Rosengallwespe reizt bereits bei Einzeleiablage das betreffende pflanzliche Gewebe heimischer Wildrosen zu abnormem Teilungswachstum, so daß innerhalb kurzer Zeit (meist ab Juni) filzige, kugelige, an kein anderes Organ einer Rose erinnernde Gebilde entstehen. Was sich nach außen als einheitliches Gebilde zeigt, ist in Wirklichkeit eine vielkammerige Wohnanlage. In jeder der rundlichen Kammern wohnt eine Gallwespenlarve, die sich von pflanzlichem Material ernährt, sich nach Abschluß ihres Wachstums verpuppt und die Jugendwohnung anschließend als flugfähiges Vollinsekt verläßt. Unter Umständen nisten sich in der verlassenen Larvenwohnung auch noch Nachmieter ein – Kleininsekten, die hier keine Nahrung holen, aber Schutz und verwinkelte Verstecke finden.

Die kleinen Risse und Fugen, Rauhigkeit und Löcher in der Rinde vieler Sträucher sind außerdem auch einen klare Einladung an andere Kleinlebewesen, die hier gerne Fuß fassen und sich gegebenfalls zeitlebens niederlassen.

Wenn man einmal Zweige oder Äste vorsichtig abstreift und anschließend grüne Spuren auf den Fingern trägt, hat man den Beweis vor Augen, daß auch winzige Mikroalgen zur Ast- und Stammbesatzung eines Strauchgehölzes gehören. Meist sind es dichte Beläge aus lebhaft hellgrün gefärbten Algen, die sich selbst an immissionsbelasteten Standorten mit Rauchgasen und sauren Niederschlägen stark ausbreiten können. Entfernte Verwandte von ihnen, die ebenfalls zu den Grünalgen gehören, zusätzlich aber noch eine Menge kräftig gelbroter Farbstoffe enthalten, bilden – vor allem bei den bachbegleitetenden Sträuchern des Berglandes – auffällige zinnoberrote Überzüge.

Zum Bild: Ausnahmsweise finden auch eingeführte Straucharten Zuspruch bei der heimischen Tierwelt: Grünfinken ernten die Hagebutten der Runzel-Rose.

Gemeiner Schneeball im spätherbstlichen Fruchtschmuck

Zum Bild: Mit dem Herbst ist die Ernte längst noch nicht abgeschlossen. Fruchtsträucher mit winterstehendem Angebot sind für umherziehende Vögel wichtig.

Schließlich können sich auf dem Geäst vor allem eines alten und genügend knorrigen Strauches auch viele interessante Flechten ansiedeln, die ihrer Trägerpflanze mit Sicherheit nicht schaden, weil sie sie lediglich als dauerhaften Sitzplatz verwenden. Beim Schwarzen Holunder beispielsweise lohnt sich die Nachsuche nach solchen ausgefallenen Aufsässigen immer. Außerdem kann man hier auch manche rindenbewohnende Pilze erwarten wie das fleischfarbene Judasohr oder knallgelbe Zitterpilze.

Im Unterschied zu den Algen und Flechten sind die meisten Pilze keine harmlosen Rindenbewohner, sondern echte Parasiten, die ihren Wirt um alle Nährstoffe erleichtern, die sie selbst benötigen. Rindenpilze senden gewöhnlich Pilzfäden (Hyphen) in das lebende Wirtsgewebe, um die gesuchten Stoffe zu tanken. Oft bereiten sie das Feld für andere Pilze vor, die Holzfäulnis verursachen und Äste oder Stämme aushöhlen. Aber auch damit ist noch ein ökologischer Nutzen verbunden, denn viele Vogelarten sind als Höhlenbrüter auf zurückgefaulte Astlöcher auch der größeren Straucharten angewiesen.

Kleines botanisches Lexikon

Achselknospe Knospe im Winkel zwischen Blattstiel und Sproßachse, dient oft der Anlage von Seitenzweigen

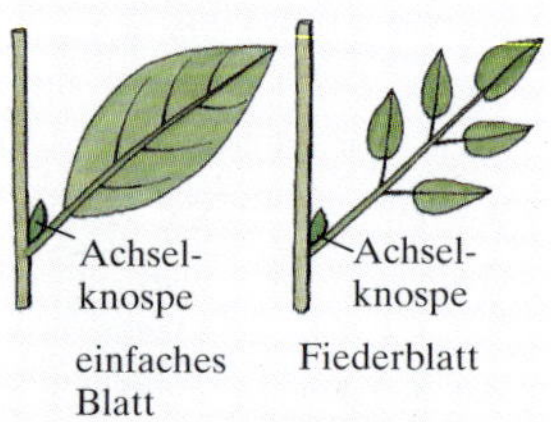

achselständig Blüte oder Frucht sitzt im Winkel zwischen Blattstiel und Sproßachse

Ähre siehe Blütenstandstypen

Anisophyllie verschieden gestaltete Blätter am gleichen Blattknoten

Antheren Staubbeutel, bestehen meist aus zwei Theken und vier Pollensäcken

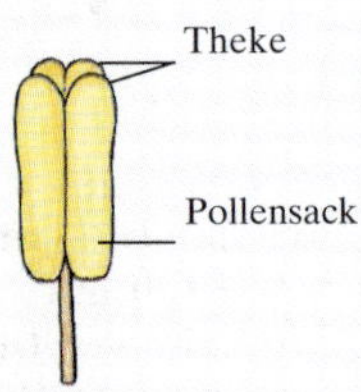

Apfelfrucht siehe Fruchtformen

Art zusammenfassender Begriff für alle pflanzlichen (und tierischen) Lebewesen, die in allen wesentlichen Merkmalen übereinstimmen, ein gemeinsames Verbreitungsgebiet besetzen und untereinander fruchtbar zu kreuzen sind

aufsteigend Zweige oder Äste, die aus liegender Stellung in die Senkrechte umbiegen

ausdauernd mehr- bis vieljährige, krautige oder holzige Pflanze

Austrieb Entfaltung der Knospen und Beginn des Längenwachstums der Sproßachse

Balgfrucht siehe Fruchtformen

Bast im Unterschied zur toten Borke lebender, die Fortleitung organischer Stoffe besorgender Teil der Rinde

Baum hochwachsende, freitragende und meist einstämmige, verholzte Pflanze

Baumgrenze klimatische Grenze, über die hinaus Baumwachstum nicht mehr möglich ist

Beere siehe Fruchtformen

Beiknospen zusätzliche Knospen neben der eigentlichen End- oder Achselknospe, dienen als Ersatz bei Verlust

Bestäubung Übertragung des Pollens (Blütenstaub) durch Wind oder Tiere von den Antheren der Blüte A auf die Narbe von Blüte B auf einem anderen Individuum der gleichen Art

Blatt eines der drei Grundorgane einer Sproßpflanze neben Wurzel und Sproßachse, entsteht aus einer Blattanlage mit Unterblatt und Oberblatt. Das Unterblatt liefert den Blattgrund (mit Blattscheide oder Nebenblättern), das Oberblatt den Blattstiel und die flächige Spreite.

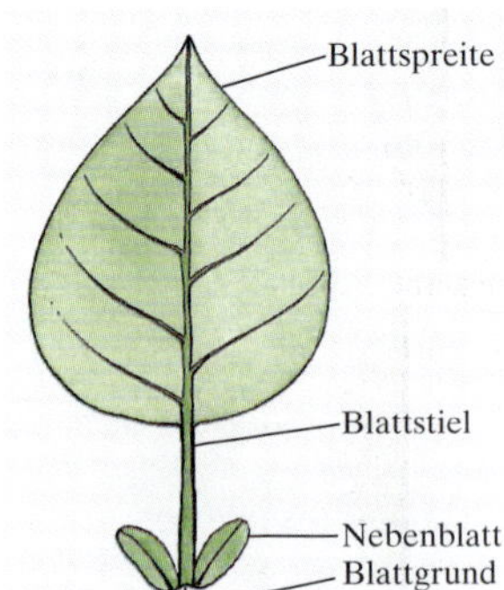

Blattdornen Dornen, die aus Blattanlagen gebildet wurden

Blattformen:

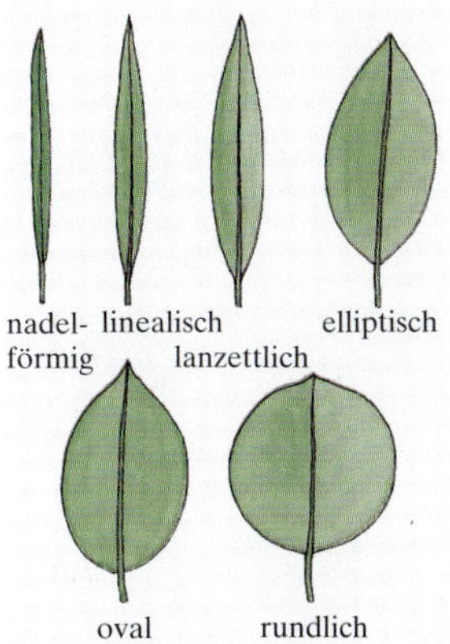

Blattnerven aus der Sproßachse über den Blattstiel in die Blattfläche ziehende Leitungsbahnen zum Stofftransport, dienen ferner der Blattaussteifung

Blattränder:

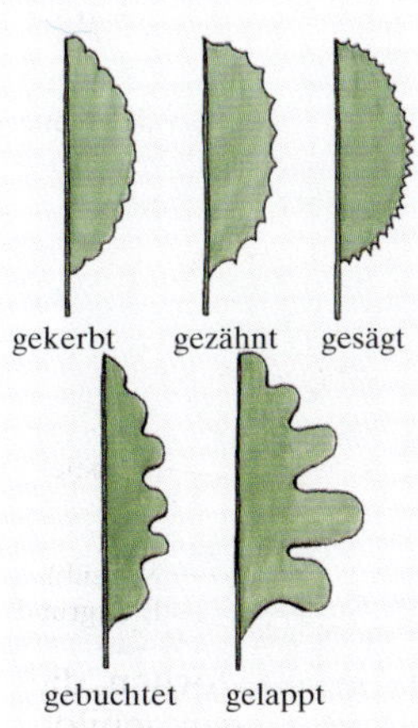

Blattspitzen:

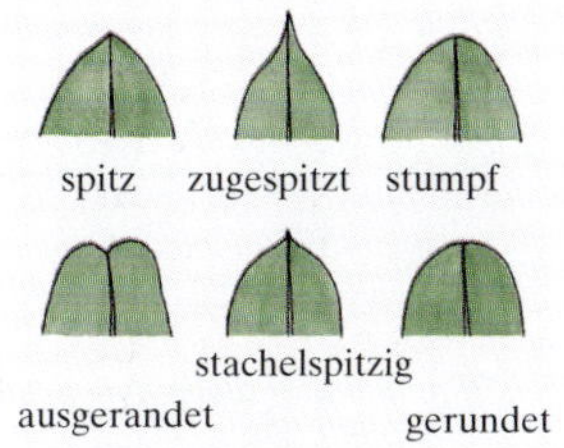

Blütenhülle besteht aus dem Kelch (Kelchblätter) und der Krone (Kronblätter)

Blütenstand Teil des Sproßachsensystems, das die Blüten trägt

Blütenstandstypen
Ähre: mehrere Blüten ungestielt an einer Achse

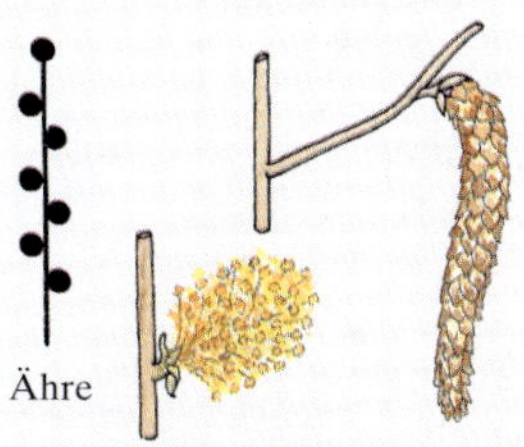
Ähre

Dolde: gestauchte Traube, Blütenstiele gehen von einem Punkt aus

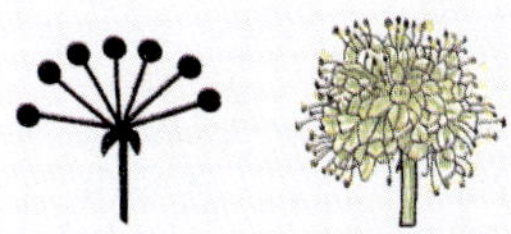
Dolde

Doldentraube: die verschieden lang gestielten Blüten einer Traube stehen in einer Ebene

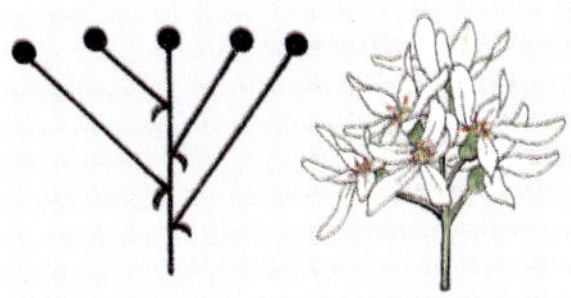
Doldentraube

Rispe: mehrfach verzweigte Traube mit Endblüte

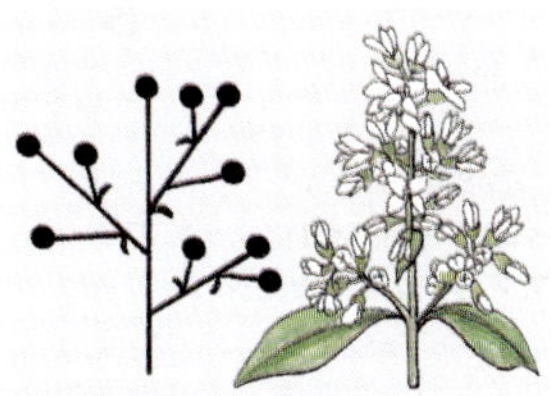
Rispe

Traube: gestielte Einzelblüten in der Achsel von Tragblättern

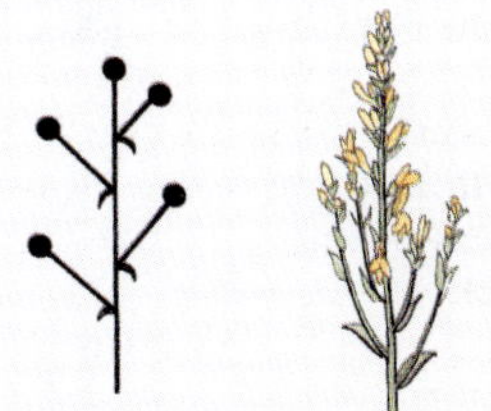
Traube

Blütezeit Zeit von der Blütenentfaltung bis zum Abblühen. Frühblüher (Hasel) blühen lange vor dem Laubaustrieb, Spätblüher (Efeu) zum Ende der Saison

Dolde siehe Blütenstandstypen

Kleines botanisches Lexikon

Doldentraube siehe Blütenstandstypen

Dornen spitze, stechende Bestandteile der Sproßachse, die sich nicht leicht ablösen lassen und meist durch Umwandlung von Blättern oder Sproßachsenenden entstanden sind

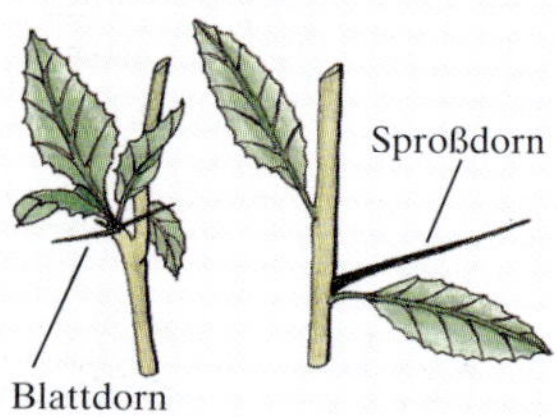

eingeschlechtig Blüte enthält nur männliche (Staubbeutel) oder weibliche (Fruchtknoten) Blütenteile

einhäusig eingeschlechtige (männliche oder weibliche) Blüten auf dem gleichen Individuum (Hasel)

Einzelfrucht siehe Fruchtformen

Endemit Art, die nur in einem sehr kleinen, begrenzten Gebiet vorkommt

endständig Blüte oder Frucht sitzt am Ende einer Haupt- oder Nebenachse

Fiederblatt zusammengesetztes Blatt, besteht aus Blattrippe bzw. Spindel (Rhachis) und mehreren Fiedern oder Blättchen

Unpaarig gefiederte Blätter enden mit einem Blättchen, paarig gefiederte mit der Spindel

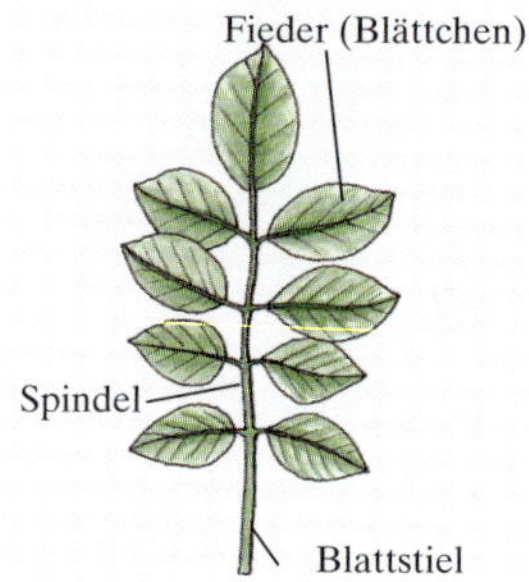

Frucht Blüte oder Blütenstand im Zustand der Reife mit allen Organen, die die Samen umschließen und zu deren Verbreitung dienen

Fruchtformen
Einzelfrüchte:
Streu- und Springfrüchte (öffnen sich und werfen Samen passiv aus)
Balgfrucht: vielsamig, nur aus einem Fruchtblatt entstanden (Magnolie)
Hülse: vielsamig, aus zwei Fruchtblättern entstanden (Ginster)

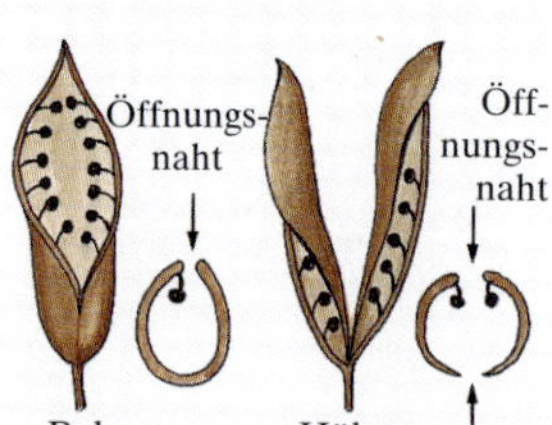

Kapsel: vielsamig, aus mehreren Fruchtblättern entstanden (Besenheide, Alpenrose)

Kapsel

Schließfrüchte:
Nuß: meist einsamig mit fester Wand (Birke, Erle)

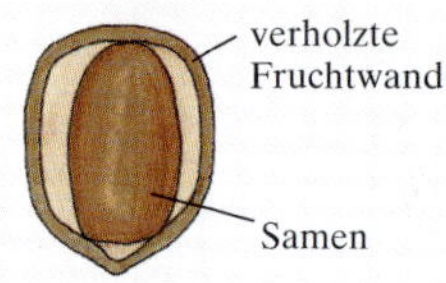

Nuß

Beere: ein- oder mehrsamig, mit saftiger Fruchtwand (Berberitze, Heidelbeere)

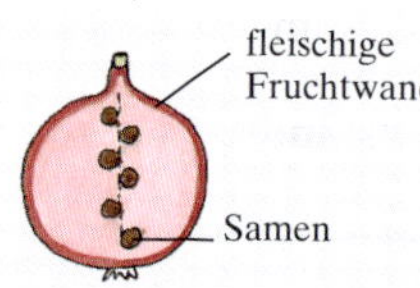

Beere

Steinfrucht: einsamig, innere Fruchtwand bildet den Steinkern (Schlehe, Kreuzdorn, Schneeball)

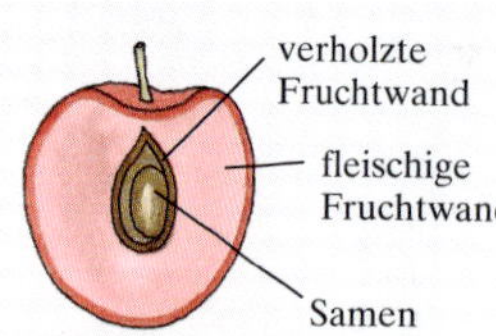

Steinfrucht

Sammelfrüchte:
Apfelfrucht: fleischig werdende Blütenachse umhüllt die eigentliche Frucht (Kerngehäuse bei Apfel und Birne)

Kleines botanisches Lexikon

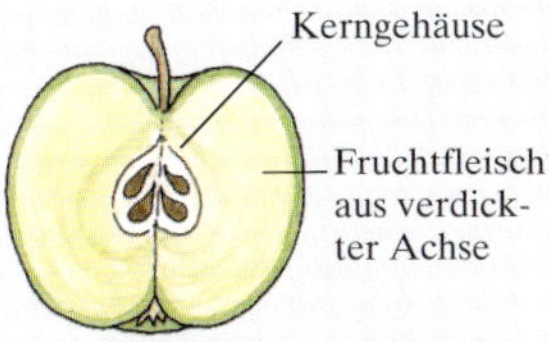

Apfelfrucht

Sammelsteinfrucht: kegelige Blütenachse trägt zahlreiche kleine Steinfrüchte (Brombeere, Himbeere)

Sammelsteinfrucht

geflügelt Sproßachse oder Blattstiel tragen beidseitig einen schmalen (grünen) Saum

gegenständig zwei Blätter stehen sich am gleichen Knoten genau gegenüber

Haare Umbildungen von Außenzellen (Epidermiszellen) an Sproßachse oder Blättern, können verzweigt oder schildartig flach sein

Halbstrauch freitragende, meist mehrstämmige, gewöhnlich nur im unteren Teil verholzte Pflanze

Heterophyllie unterschiedlich gestaltete Blätter an verschiedenen Blattknoten, zum Beispiel an den Kletter- und Blütensprossen des Efeus

Efeu-Blatt am Klettersproß Efeu-Blatt am Blütensproß

Holz Zellverbände oder Gewebe, die durch Einlagerung von Lignin (Holzstoff) sehr fest und stabil werden

Hülle Gesamtheit der Hüllblätter einer Blüte (Kelch- und Kronblätter)

Hülse siehe Fruchtformen

immergrün Pflanze trägt mehrjährige, oft sehr langlebige Laub- oder Nadelblätter

Kapsel siehe Fruchtformen

Kelch äußerer Kreis der Blütenhülle, besteht aus grünen oder gelegentlich auch lebhaft ausgefärbten Kelchblättern, die frei oder verwachsen sind

Kletterstrauch hochwachsende, aber nicht freitragende, verholzte Pflanze, die Stützen braucht oder sich selbst an Unterlagen befestigt

Knoten Blattansatzstelle an der Sproßachse

kreuzgegenständig gegenständige Blätter aufeinanderfolgender Knoten sind um 90° gegeneinander versetzt

kriechend Sproßachse liegt dem Boden locker an oder ist an den Knoten eingewurzelt

Kleines botanisches Lexikon

Krone innerer Kreis der Blütenhülle, besteht aus meist lebhaft ausgefärbten und beträchtlich vergrößerten Kronblättern

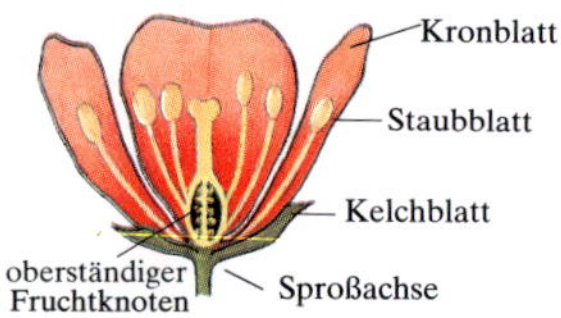

Blüte mit freien Kelch- und Kronblättern (Schnitt)

lanzettlich siehe Blattformen

Laubblatt dünnes, meist sehr großflächiges grünes Blattorgan mit zahlreichen Blattnerven, dient der Photosynthese

Lentizellen linsen- oder strichförmige, meist hellere Poren auf der Rinde, die dem Gasaustausch dienen

Lichtholz benötigt offenen, gut besonnten Standort, erträgt keine Überstellung durch höhere Bäume

linealisch siehe Blattformen

Nadelblatt spitzes, derbes, meist sehr kleinflächiges und mehrjähriges Blattorgan mit nur einem Blattnerv, dient der Photosynthese

Nuß siehe Fruchtformen

Perigon besondere Form der Blütenhülle, bei der sich Kelch und Krone gestaltlich und farblich nicht unterscheiden

Phänologie Ablauf der Lebenserscheinungen (Belaubung, Blüte, Fruchtreife) einer Pflanze im Jahresablauf, dient der Festlegung des biologischen Kalenders und der Klimabeschreibung

Photosynthese wichtiger Stoffwechselprozeße in der Pflanze, bei dem das Blattgrün (Chlorophyll) mit Hilfe von Lichtenergie (Sonne) aus Wasser und Kohlendioxidgas Zucker und andere organische Stoffe herstellt

Pollen Blütenstaub, entsteht in den Staubbeuteln und wird bei der Bestäubung übertragen

quirlständig mehr als zwei Blätter sitzen am gleichen Knoten (wirtelig)

Ranken spezialisierte Sproßachsenorgane, mit denen Kletterpflanzen sich an Wuchsunterlagen befestigen, zum Beispiel mit rankenden Blattstielen (Waldrebe) oder mit Sproßranken (Wein, Jungfernrebe)

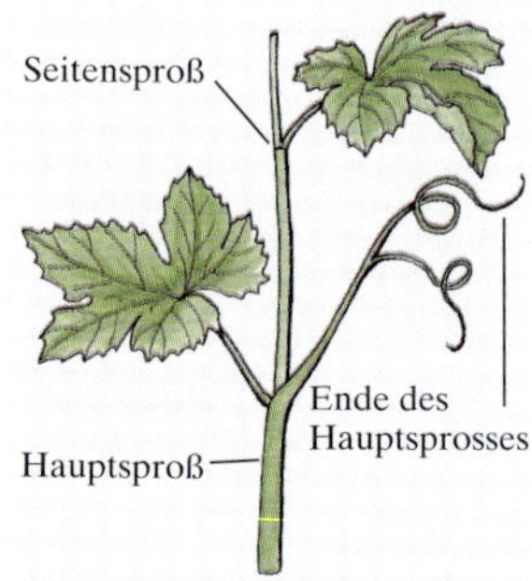

Rispe siehe Blütenstand

Röhre eng und röhrig verwachsener Teil von Kelch oder Krone

rundlich siehe Blattformen

Samen Vermehrungs- und Verbreitungseinheit der Samenpflanzen (Blütenpflanzen), geht aus einer befruchteten Samenanlage hervor, besteht aus Keimling und Nährgewebe, die von der Samenschale eingeschlossen werden

Sammelfrucht siehe Fruchtformen

Sammelsteinfrucht siehe Fruchtformen

Schattenholz erträgt zeitweilige oder ständige Beschattung durch höherwüchsigen Bestand

Schließfrucht siehe Fruchtformen

sitzend Blattspreite sitzt der Sproßachse ohne erkennbaren Stiel an

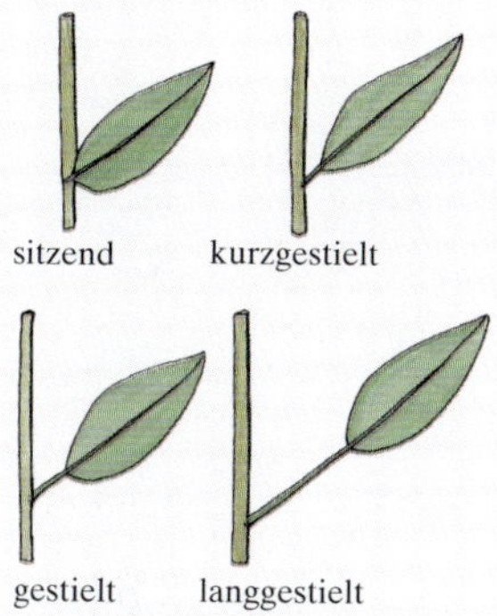

sommergrün Pflanze ist nur während der Hauptvegetationsperiode (frühestens ab Ende März bis spätestens Mitte November) belaubt

Sproß allgemeines Konstruktionsmodell einer Pflanze, die aus Wurzel, Sproßachse und Blättern besteht

Sproßachse oberirdische, verholzte oder unverholzte, blatttragende Teile einer Pflanze; werden häufig auch nur als Stengel bezeichnet

Sproßdornen spitze, sehr starre und oft unverzweigte Gebilde, die durch Umwandlung von Sproßenden (wie bei der Schlehe) entstehen

Steinfrucht siehe Fruchtformen

Stengel meist unverholzter oberirdischer Teil des Sprosses, ist in Knoten (Nodien) und Zwischenknotenstücke (Internodien) gegliedert

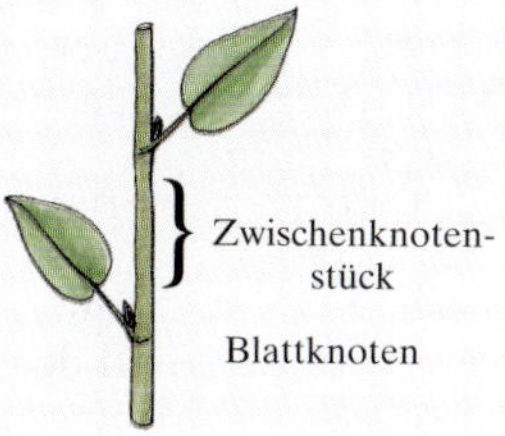

Strauch freitragende, meist mehrstämmige, verholzte Pflanze, ohne freien Stammabschnitt

Streufrucht siehe Fruchtformen

Traube siehe Blütenstandstypen

verholzt Zellverbände oder Gewebe, die durch Einlagerung von Lignin (Holzstoff) sehr fest und stabil geworden sind

wechselständig Blätter sitzen einzeln am Knoten

wintergrün Gehölze, die ihre (meist einjährigen) Blätter gewöhnlich erst im Frühjahr abwerfen

wirtelig mehr als zwei Blätter sitzen am gleichen Knoten (quirlständig)

zweihäusig eingeschlechtige (männliche oder weibliche) Blüten auf verschiedenen Individuen (Gagel, Weiden, Wacholder)

zwittrig Blüte enthält männliche (Staubbeutel) und weibliche (Fruchtknoten) Blütenteile

zygomorph Blüte ist zweiseitig symmetrisch (Ginster, Goldregen), läßt also nur eine (senkrecht verlaufende) Symmetrieachse zu

Historische Kulturlandschaft: Die Zwergstrauch/Wacholder- Bestände der Lüneburger Heide entstanden unter dem Einfluß der wirtschaftenden Menschen.

Sträucher erleben

Sträucher spielen als Bestandteile der grünen Kulisse eine äußerst wichtige Rolle – in Wald und Feld ebenso wie am Haus, im Park und im Garten. Wildsträucher säumen Waldränder und Gewässerufer, versehen die offene Flur mit wohltuenden Blickpunkten aus Feldholzinseln und Gebüschstreifen, flankieren Wege und Straßen als grüne Leitlinien. Ziersträucher, häufig in anderen Kontinenten zu Hause, erfreuen die Sinne mit prächtigen Farben, edlen Düften und schmucken Früchten.

Das ganze Jahr über, vom Blattaustrieb bis zum Laubfall, gibt es immer etwas zu entdecken und zu erleben – wenn man nur genau genug hinschaut. Sträucher sind liebenswerte und höchst lebendige Bestandteile unserer Umwelt. Es lohnt sich, mehr über sie zu wissen und zu erfahren.

Sträucher im Jahreslauf

Solange noch grüne oder bunte Blätter am Gehölz sitzen, beachtet man sie kaum. Im winterkahlen Geäst fallen sie dagegen schon eher auf, und genaugenommen waren sie bereits während der ausklingenden Sommerwochen da: die Winterknospen.

Winterzeit – Blätter und Blüte gut verpackt

Winterknospen sind oft übersehene, aber ungemein wichtige Spezialeinrichtungen an den Zweigenden, die mit einer Fülle bemerkenswerter Eigenschaften überraschen, die sinnvoll in den jahreszeitlichen Aktivitätsverlauf eingebunden sind. Im Herbst und Winter sinken die Umgebungstemperaturen schrittweise und unaufhaltsam in die Nähe des Gefrierpunktes. Die meisten Gehölze können es sich jetzt nicht mehr leisten, eine saftige und deswegen besonders empfindliche Belaubung zu tragen, die über ihre große Oberfläche ständig Wasser verdunstet. Wenn zusätzlich die oberen Bodenschichten gefrieren und auch noch Schnee fällt, wird das lebensnotwendige Wasser für die Gehölze gänzlich zur Mangelware, zumal sie auch noch vor dem Problem stehen, es aus dem Wurzelraum über größere Entfernungen bis den Verbrauchsorten an den Zweigspitzen transportieren zu müssen. Die ökologisch einzig sinnvolle Antwort auf die recht frostigen Aspekte des Winterwetters erweist sich gleichzeitig auch als physiologisch sehr bestechende, wenn nicht sogar perfekte Problemlösung: In der kalten Jahreszeit werden die verdunstungsintensiven und ständig frostgefährdeten Blätter einfach abgeworfen. Während sich kleinwüchsige Sträucher an den Boden drücken können oder sich zumindest auf den Schutz einer genügend hohen Schneedecke verlassen, setzen höherwüchsige Sträucher ebenso wie sehr viele Wald- und Parkbäume einfach auf Winterknospen – kleine, kompakte und inhaltsreiche Schnürpakete mit einem unglaublich fein abgestimmten Entwicklungsprogramm.

Wärmeschutz Knospenhülle?

Obwohl die Knospenhülle die Blatt- und Blütenanlagen im Inneren sehr lagenreich und vielschichtig umgibt, leistet sie dennoch keinerlei Wärmeschutz. Nicht erst nach tagelangem Frost ist es in der Knospe exakt genauso kalt wie wenige Millimeter weiter außerhalb an der frischen Luft. Die Knospenhüllen sind also mit Sicherheit kein wärmender Wintermantel, auch wenn sich dieser Vergleich angesichts der besonders festen und derbschaligen Hüllschuppen zunächst anbieten mag.
Den unumgänglichen Schutz des sehr empfindlichen, entwicklungsbereiten Gewebes vor schädigenden Erfrierungen besorgen dagegen – ähnlich wie im Kühlwasser des Autos – besondere, in den Zellen eingelagerte Frostschutzmittel wie Zucker und Aminosäuren. Hinzu kommt, daß die Gewebe in der Zeit der Winterruhe einen sehr geringen Wassergehalt aufweisen.

Schutz vor Wasserein- und -austritt

Wenn die Knospenhülle nicht zum Kälteschutz da ist, muß ihre Aufgabenstellung gänzlich anders sein. Neben einem gewissen mechanischen Schutz ih-

Zu den Bildern: Knospen sind sehr unterschiedlich, so daß sich oft schon aufgrund ihres Aussehens ein Strauch im Winter betimmen läßt. Hier nur eine kleine Auswahl.

Verschiedene Knospenformen

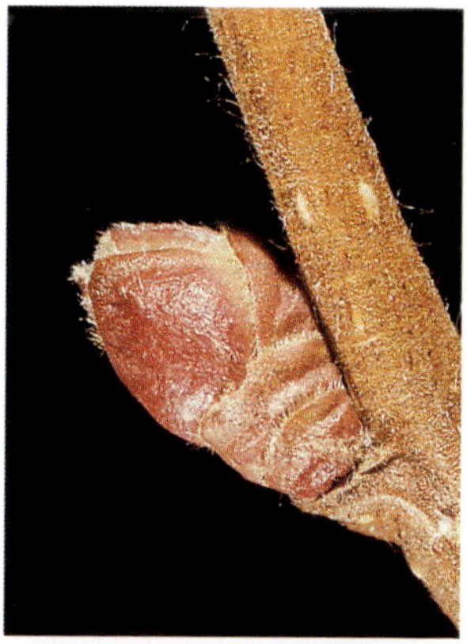
Hasel

Bibernell-Rose

Purpur-Weide

Gelber Hartriegel/Blattknospe

Forsythie

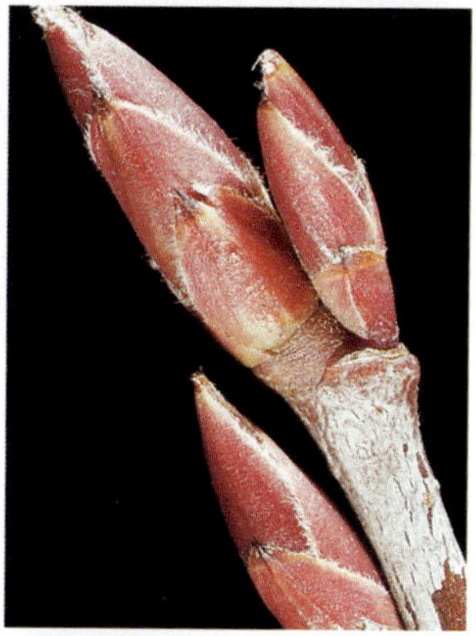
Kupfer-Felsbirne

Gelber Hartriegel/Blütenknospe

Sal-Weide

Schwarzer Holunder

Haselstrauch im Frühling

res Innenlebens verhindern die hornigen äußeren Schuppen vor allem den unkontrollierten Wasseraustausch der ruhenden Organanlagen mit der Umgebung. Die Gewebe der in den Knospen steckenden Blüten- und Blattanlagen enthalten trotz weitgehender Einschränkungen immer noch geringe Mengen von Restwasser, ohne die sie einfach nicht auskommen können. Die derbe Hülle verhindert ausgesprochen wirksam die Verdunstung dieses restlichen Gewebewassers.

Ebenso schädlich wäre aber auch ein vorzeitiges und unkontrolliertes Aufquellen der Knospen, etwa während tagelanger Auftauperioden mit milden Temperaturen deutlich über Null Grad Celsius. Dann könnten sich bei wiedereinsetzendem Frost sehr schnell gefährliche Eiskristalle bilden, die die feinen Strukturen der Blattanlagen unwiderruflich zerstören würden. Wenn auf

Zu den Bildern: Frühblüher wie der Haselstrauch öffnen ihre Blüten lange vor dem Laubaustrieb (oben). Sie schlagen – weil Insekten noch nicht aktiv sind – ihre Pollenmassen einfach in den Wind. Erst Wochen später schieben sich die Blätter aus den schützenden Knospen (unten).

Zum Bild: Die Schnee-Heide macht ihrem Namen alle Ehre. Sie blüht bereits im Spätwinter und auch bei Schneebedeckung.

Schneefall und Dauerfrost ein paar sonnige Tage mit Vorfrühlingstemperaturen folgen, rinnen richtige kleine Sturzbäche durch das Gezweig. Gegen dieses Wasser müssen die braunen oder gelblichen, grauweißlich bereiften oder auch purpurroten Knospenschuppen wirksam abschotten. Zu diesem Zweck sind ihre Ränder fallweise noch zusätzlich mit wasserabweisenden Haaren besetzt oder gar rundum mit zähem Klebematerial versiegelt.

Winterknospen sind ein sehr variantenreiches Thema. Außer einer beachtlichen Palette zum Teil recht auffälliger Farben überraschen sie mit einer denkbar großen Vielfalt an Gestalten und Strukturen. Es gibt Knospen mit nur zwei oder drei (äußerlich sichtbaren), kapuzenartig gewölbten Hüllschuppen, aber auch solche mit vielteiligen, fischgratartigen Schuppenfolgen. Manche Laub- oder Blütenknospen schmiegen sich eng an den Zweig an, während andere weit abstehen. Oft läßt sich aufgrund der besonderen Knospengestalt auch schon voraussagen, ob die Schuppenblattserie einfach nur Blattanlagen oder unentfaltete Blüten oder gar beides birgt.

Winterknospen sind so unterschiedlich gestaltet, daß man sehr viele Stracharten allein anhand ihrer spezifischen Knospenbilder zuverlässig bestimmen kann.

<u>End-, Seiten- oder Ersatzknospen</u>

Bei vielen Strauchgehölzen sitzt das dicke Ende ausnahmsweise ganz oben: Die Endknospen der Zweige werden in ihrer Entwicklung gegenüber den nächstfolgenden Seitenknospen auffallend stark gefördert und sehen daher – beispielsweise beim Flieder – entsprechend üppig aus. Ihren sichtlichen Entwicklungsrückstand können die Seiten- oder Beiknospen jedoch rasch aufholen, falls die Endknospe verlorengehen sollte, zum Beispiel durch knospenverzehrende Vögel wie Kernbeißer, die sich gegebenenfalls auch vom bitter schmeckenden Harz der lagenreichen Hülle nicht abschrecken lassen. Die Beiknospen dienen daher auch als Reservisten, die eventuell jahrelang auf ihren Einsatz warten können. Ganze Serien von Bei- oder Ersatzknospen zeigen beispielsweise die Forsythien.

Erstaunlicherweise kommen einige wenige heimische Strauchgehölze auch ohne jeden Schutz durch dicht geschlossene Knospen aus. Beim Schwarzen Holunder klaffen praktisch während des ganzen Winters die nackten Blattanlagen aus den wenigen Hüllschuppen hervor.

Frühjahr – die Hüllen fallen

Wenn das Frühjahr naht, leisten Licht und Wärme mächtig Entwicklungshilfe. Nur etwa zwei Wochen benötigen die

Zum Bild: Wunderwerk Fliederknospe – außer den unentfalteten, aber schon grünen Blättern enthält die Knospe auch den noch sehr kompakten Blütenstand.

meisten winterkahlen Gehölze zum Ergrünen. Der Schritt zur Entfaltung der Sommerbelaubung muß jedoch gründlich vorbereitet werden. Zahlreiche, fein aufeinander abgestimmte Abläufe greifen dabei ineinander.
Ihre wichtigste Teilleistung hat jede Knospe bereits hinter sich: Gut verpackt durch dicke Schuppenblätter sitzen im Inneren der Winterknospen schon in den letzten Wochen der Vorjahressaison angelegte und daher nahezu fertige Blätter und Blüten – auf engstem Raum zusammengepfercht und nur deshalb noch nicht zur Endgröße herangewachsen. Alles was ein Blatt braucht, ist jedoch schon im Laufe von Spätsommer und Frühherbst des Vorjahres im Detail vorbereitet worden: Blattstiel und Blattfläche, Oberflächenbehaarung und Blattaderung und darüber hinaus auch bereits ein wenig grüne Farbe.
In der kalten Jahreszeit sorgt ein hoher Gehalt bestimmter Hemmstoffe im Gewebe der Blattanlagen dafür, daß die notwendige, klimabedingte Ruhephase auch tatsächlich eingehalten wird. Erst im Laufe des Spätwinters, unter dem Einfluß von Kälte und zunehmender Tageslängen, verringert sich die Konzentration des pflanzlichen Bremshormons, während ein anderer, aber entgegengesetzt wirkender Wuchsstoff stetig zunimmt. Im einigermaßen frostsicheren Frühjahr sind die Knospen schließlich soweit: Einige warme und sonnige Tage reichen schließlich aus, um ihre Winterruhe endgültig zu brechen.

Die Knospen brechen auf

Bevor sich nun die ersten grünen Blattspitzen in der schützenden Verpackung zeigen, pumpt sich das junge Gewebe mit Wasser voll. Entwicklung und Entfaltung benötigen nämlich Energie und Material, und beides ist nur durch die rasche Mobilisierung von Reservestoffen zu erreichen. Ohne Wasser wäre jedoch die ganze Kaskade stofflicher Umsetzungen und Neuverteilungen nicht möglich. Mit der Wasseraufnahme schwellen die Knospen sichtlich an. Sie strecken sich und vergrößern ihr Volumen auf ein Vielfaches. Ehe sich nun das neue Blatt aus seinem sicheren Winterversteck hervorzwängt, haben sich die schützenden Knospenschuppen ihrerseits beträchtlich verlängert. Der anfangs noch rundum dicht geschlossene Schuppenverband lockert sich dabei reihenweise auf. Nur weil die Schuppen mit den jungen Blattorganen noch eine Weile gemeinsam in die Länge wachsen, entsteht in der Knospe genügend Raum, um den weiteren Entwicklungsweg für das frische Sommerlaub frei zu machen.
Die winterliche Knospenhülle wird dabei nicht einfach weggesprengt. Der spannende Ablauf der Knospenöffnung ist daher auch nicht mit dem Zersplittern der Eischale beim Schlüpfen eines Kükens vergleichbar. Vielmehr schwenkt

Dompfaff frißt Schlehenblüten und -knospen

die bewahrende Verpackung beim Austrieb allmählich zur Seite und setzt das junge und empfindliche Grün dabei stetig und vorsichtig an die frische Luft. Die deutlich verlängerten Knospenschuppen bleiben bei vielen Gehölzen auch nach der Blattentfaltung noch eine ganze Weile am Gezweig hängen. Erst im April oder Mai fallen sie zu Boden. Am Grunde eines jeden Jahrestriebes hinterlassen sie dann kleine Narben, die noch viele Jahre später erkennbar bleiben und die Grenzen der zurückliegenden Jahrestriebe markieren. Auf diese Weise kann man sehr einfach das Alter eines Zweiges oder Astes durch Nachzählen der Narben bestimmen.

Die Blätter entfalten sich

Kurz nach der Knospenöffnung wird bereits die endgültige Blattform mit allen arttypischen Kennzeichen erkennbar. Die rund sechs Millionen Zellen, aus denen beispielsweise das Blatt eines Haselnußstrauches besteht, sind bereits komplett vorhanden. Das gesamte beeindruckende Spektakel des Laubaustriebs und der begleitenden Ergrünung besteht von jetzt an nur noch aus einer weiteren Größenzunahme der bereits vollzählig vorhandenen Blattzellen.

Zum Bild: Vor allem Finkenvögel mit kräftigem Schnabel ernähren sich zeitweise gerne von Blatt- und Blütenknospen.

An vielen Laubblättern läßt sich auch nach der Entfaltung noch eindeutig feststellen, wie sie in der Knospe gesessen haben. In einer Mischung aus Quer- und Längsfaltung kommen die Blätter von Birke, Hasel oder Erle zum Vorschein. Viele Blätter können die Falten aus ihrer Jugendzeit ihr ganzes Leben nicht ausbügeln und sehen immer zerknittert aus. Andere Blätter, wie die von Weide oder Holzapfelbaum, liegen gerollt in der Knospe, weil sich bei ihnen Ober- und Unterseite zunächst nicht gleich stark ausbilden. Erst die nachfolgende Entwicklung beim Laubaustrieb gleicht diese Unterschiede weitgehend aus. Manche Arten schlagen die Blattränder nach unten um oder bleiben aus Gründen des besseren Verdunstungsschutzes stärker eingerollt.

Frühsommer – Blütezeit

Auch wenn es manchmal gar nicht so aussieht, bestehen auch die Blüten der Strauchgehölze immer nur aus speziell zugeschnittenen, ihrer besonderen Aufgabenstellung jeweils bestens angepaßten Blättern. Diese Umgestaltung kann so weit gehen, daß am fertigen Blütenblatt fast nichts mehr an die ursprüngliche Blattnatur erinnert.

Grundsätzlich läßt sich an einer Blüte von außen nach innen immer die gleiche Abfolge spezieller Blattorgane feststellen:

Ganz außen (oder unten) befinden sich die Kelchblätter. Ihnen folgen nach innen (oder oben) die Kronblätter. Kelch- und Kronblätter bilden im Normalfall zusammen eine doppelte, aus zwei Blattlagen bestehende Blütenhülle, die gleichsam die Verpackung der eigentlichen Fortpflanzungsorgane darstellt. Für die Fortpflanzung sind einerseits Staubblätter und zum anderen Fruchtblätter erforderlich. Beide sind jeweils in größerer Stückzahl vorhanden.

In diesem Grundbauplan stimmen alle Blüten weitgehend überein. Allerdings hat die Natur das Basiskonzept Blüte immer wieder vielfältig abgewandelt und so unterschiedlich aussehende Modelle entwickelt, daß praktisch jede Pflanzenart ihre eigene, artspezifische Blütengestalt erhalten hat.

<u>Schmächtig oder prächtig</u>

Die Blüten sind auch im Leben der Gehölze der erste Abschnitt im stationenreichen Vermehrungsprogramm. Wichtigstes Ziel, das bereits während der Blütezeit zu erreichen ist, sind die Pollenübertragung (Bestäubung) und die Befruchtung der Samenanlagen. Ohne diese Vorgänge gibt es weder Samenbildung noch Fruchtreife.

Zwei Übertragungswege stehen auch den Sträuchern für die Verfrachtung der Pollen zwischen den Blüten zur Verfügung: Entweder übergeben sie ihren Blütenstaub dem Wind und lassen ihn von den Luftströmen über weite Entfernungen transportieren, oder sie locken mit mancherlei attraktiven Angeboten tierische Blütenbesucher, in unseren Breiten ausschließlich Insekten, an und übertragen ihnen den Pollentransport. Normalerweise kann man es den Blüten ansehen, ob sie den Wind oder die fliegenden Insekten als Bestäuber einsetzen.

<u>Windbestäubte Blüten</u> verzichten auf jegliche auffällige Aufmachung und beschränken sich im Aufbau und Ausstattung nur auf das Wesentliche. Ihr Blütendesign ist daher gewöhnlich sehr vereinfacht. Beispiele sind Sanddorn (→ Seite 104), Gagelstrauch (→ Seite 160) oder Zwerg-Birke (→ Seite 163). Das bedeutet indessen nicht, daß diese Blüten auf spezielle Anpassungen verzichten: Bei Flaum-Eiche (→ Seite 161) oder Haselnuß (→ Seite 164) hängen die männlichen Blütenstände (Kätzchen) ausgeprochen locker im Wind und er-

Zu den Bildern: Im Vergleich zu den großen männlichen Kätzchen sind die karminroten weiblichen Blüten des Haselstrauches sehr klein. Beide sitzen getrennt auf dem gleichen Strauch (einhäusig). Die schmucken Blüten der Scheinquitte (rechts) sind zwittrig. Ihren optischen Reizen erliegen nicht nur unseren Augen.

Sal-Weide, männliches Kätzchen

Purpur-Weide, männliches Kätzchen

Purpur-Weide, männliches Kätzchen

möglichen den millionenfach herabrieselnden Pollenkörnern einen optimalen Start ihrer Luftreise. Auf der Empfängerseite ist ebenfalls besondere Vorsorge getroffen worden: Die weiblichen Narben windblütiger Arten sind fast immer besonders groß und lehnen sich zudem weit aus den Blütenständen hinaus, damit die Trefferchancen für die umherfliegenden Pollen entsprechend größer sind.

Pflanzen, die von Tieren bestäubt werden, gestalten ihre Blüten dagegen zu richtigen Schmuckstücken aus: Leuchtende Farben, üppige Formen und beste Plazierung sind die auffälligsten Kennzeichen. Mit ihren oft sogar knallbunten Blüten machen auch viele Holzpflanzen eine Menge Aufhebens und Reklame für sich selbst. Gerade aus diesen Gründen sind sie auch als Zier- oder Blumensträucher in Park und Garten sehr gerne gesehen.

Blütenarchitektur

Während die Blüten der windblütigen Arten aus Gründen besonderer Funktionsanpassung sehr stark vereinfacht, ziemlich klein und unscheinbar und sehr häufig sogar unvollständig ausgebildet sind, ist der Grundplan des Blütenaufbaus mit der Abfolge Kelch-, Kron-, Staub- und Fruchtblätter bei großen, tierblütigen Formen viel deutlicher und klarer zu erkennen, beispielsweise bei einer Wild-Rose oder Brombeere .

Die Kelchblätter können, aber müssen nicht unbedingt klein, grün und unauffällig sein. Bei vielen Sträuchern beteiligen sie sich sogar an der oft so auffälligen Gesamterscheinung der Blüte. Bei den Waldreben sind die sehr großen und

Zu den Bildern: Auch die Blüten windbestäubter Pflanzen, wie hier die Weidenkätzchen können sehr dekorativ sein. Beim Aufblühen (Mitte/unten) verändern die Kätzchen ihre Farbe.

Blütenbockkäfer zu Besuch bei der Essig-Rose

Zum Bild: Außer Weichkäfern besuchen auch etliche Bockkäfer einladende Blüten. Sie gehen hier jedoch nicht auf Nektarsuche sondern sind fast immer Pollensammler.

unübersehbaren Blätter der Blütenhülle in Wirklichkeit sehr üppig geratene Kelchblätter, während die eigentliche Krone fehlt. Ähnliche Verhältnisse treffen wir in den Blüten der Seidelbast-Arten an. Bei vielen Heidekrautgewächsen, beispielsweise beim Heidekraut selbst, sind die Kelchblätter lebhaft ausgefärbt und unterstützen damit die Farbwirkung der Krone.

Ganz unabhängig von Größe, Farbigkeit und Anzahl der Blütenblätter lassen sich die Blüten der Strauchgehölze nach ihrer Kronengestalt auf zwei große Formgruppen verteilen: Entweder sieht der Blütengrundriß aus wie bei Hecken-Rose und Strauch-Fingerkraut oder wie beim Judasbaum oder Besenginster. Die Unterschiede betreffen also ganz offensichtlich die Blütensymmetrie:

Bei den Rosengewächsen sind die farbigen Blütenblätter angeordnet wie die Speichen eines Rades oder die Zacken eines Sternes – man kann sie durch mehrere Symmetrieebenen in deckungsgleiche Hälften zerlegen und nennt sie deswegen auch radiärsymmetrisch.

Bei den Schmetterlingsblütengewächsen sind dagegen nur die rechte und die linke Blütenhälfte deckungsgleich, die obere und untere dagegen nicht. Solche Blüten nennt man zygomorph oder zweiseitig (spiegelbildlich) symmetrisch. Diese Blüten sehen oft sehr viel bizarrer und dekorativer aus als die ungleich einfacher wirkenden Blüten von Sternchengestalt, die immer ein wenig richtungslos wirken.

Goldstaubblatthornkäfer auf Gemeinem Schneeball

Zum Bild: Außer dem großen Käfer haben sich auf dem einladenden Blütenstand auch Ameisen und Schwebfliegen als Gäste eingefunden.

<u>Einzelstück und große Sträuße</u>

Erstaunlich wenige blumige Strauchgehölze begnügen sich damit, jeweils nur eine besonders hübsche Blüte auf verlängertem Stiel ins Licht der Öffentlichkeit zu heben oder wie das Moosglöckchen jeweils eine Doppellösung mit zwei Blüten auf einem Stiel zu entwickeln. Die große Mehrzahl der Sträucher büschelt und bündelt ihre Blüten zu größeren Blütenständen, damit man die weißen Wunder oder rosaroten Zeiten der einzelnen Gehölzarten noch besser erleben kann.

Für den Aufbau der Blütenstände gibt es mehrere technische Möglichkeiten: Viele ungestielte Einzelblüten an einem verlängerten, unverzweigten Stengel nennt man <u>Ähre</u>. Dieser Blütenstand kommt bei den Gehölzen vor allem in Form von <u>Kätzchen</u> vor. Sind die Blüten deutlich gestielt, heißt der Blütenstand <u>Traube</u>, gehen die Blütenstiele allesamt von einem Punkt der Hauptachse aus, liegt eine <u>Dolde</u> vor. Eine <u>Rispe</u> unterscheidet sich von der Traube dadurch, daß die einzelnen Blüten am Ende verzweigter Seitenachsen sitzen. <u>Schirmrispen</u> sehen von oben aus wie eine Dolde, zeigen aber von der Seite ganz klar das typische Verzweigungsmuster einer Rispe.

Fast alle Blütenstände lassen sich diesen wenigen Grundmustern zuordnen. (Die selteneren Sonderfälle sollen hier unberücksichtigt bleiben.)

Es gibt bei den Strauchgehölzen auch besonders gestaltete Blütenstände, die wie eine einzige große Superblume aussehen und sich auch so verhalten. Als eindrucksvolles Beispiel mag der Gemeine

Zum Bild: Berberitzenblüten sind sehr nektarreich. Die Staubblätter klappen bei Berührung nach innen (rechts unten) und bestäuben den Kopf des auslösenden Insektes.

Schneeball stehen: Sein Blütenstand besteht überwiegend aus vielen kleinen Einzelblüten, aber zusätzlich besonders großen und strahlenden Randblüten, die die gesamte Schirmrispe als vielteilige Einzelblume erscheinen lassen. Auch bei den Hortensien finden wir diese gezielte optische Täuschung.

Verlockende Pracht

Bevor Insekten geschäftig von Blüte zu Blüte eilen und dabei Pollenübertragung und Bestäubung erledigen, muß ein höchst praktisches Problem gelöst werden: Wie bringt eine bestimmte Pflanzenart Biene oder Hummel, Falter oder Fliege dazu, Pollen von Blüte A nach Blüte B zu expedieren? Mit Sicherheit übernehmen diese Tiere ihre besonderen Frachtaufträge nicht uneigennützig. Obwohl sie immer so sehr im Mittelpunkt steht, ist die Pollenbeförderung genau betrachtet sogar nur ein Randeffekt, den die fliegenden Blütengäste nicht einmal bemerken. Die tierische Luftflotte entwickelt für die Blüten ein viel vordergründigeres Interesse: Bienen, Käfer, Schwebfliegen und anderes „Kleinstgeflügel" kommen nur deswegen zur Blüte, weil es dort etwas zu holen gibt. Nektardrüsen, in den Blüten an verschiedenen Stellen versteckt, produzieren in Mengen hochkonzentrierte Zuckerlösung. So manche Blüte bietet ihren Nektar ohne große Umstände an. Bei Berberitze oder Mahonie trieft der gesamte Blütenboden geradezu von Zuckerwasser. Andere, eng und röhrenförmig gebaute Blüten (zum Beispiel beim Wald-Geißblatt) lassen nur spezielle Besucher zu, beispielsweise besonders langrüßlige Schmetterlinge wie die Schwärmer.

Blüten bieten ihren Besuchern aber nicht nur Nektar an. Wer nicht nur Hochkonzentriertes zu sich nehmen möchte, findet in der Blüte auch eine Menge Knabberzeug. Und paradox genug: Manche Blüten setzen ihren umworbenen Besuchern ausgerechnet Pollen vor – Festfutter also, das eigentlich zum Versand zu anderen Blüten der gleichen Art gedacht war. Rosen und Brombeeren, aber auch die Gemeine Waldrebe oder die Johanniskraut-Arten sind solche Pollenblumen. Buchstäblich sackweise stellen sie den Pollen zur Verfügung. Den meisten Insekten, die in ein derartig (blüten)verstaubtes Lokal einkehren, sieht man dann auch an, daß sie sich so richtig reingesetzt haben, wenn sie gelb- oder weißbestäubt wieder davonfliegen.

Lenkhilfen und Leitlinien

Keine Imbißbude und erst recht kein Landgasthaus kommt ohne Reklame aus. Genau aus diesem Grunde sind die ursprünglich so einfachen Blüten zu ungemein attraktiven Blumen geworden, die mit allerhand optischen (und auch duftenden) Mitteln Aufmerksamkeit erregen. Allein ein Farbklecks auf neutralgrünem Hintergrund macht sicherlich hinreichend neugierig und lockt auch in Mengen fliegende Besucher an. Die optische Gesamterscheinung einer Blüte ist aber dennoch viel mehr als nur ein simpler Blickfang oder visueller Aufreißer. Blüten versorgen ihre Besucher auch noch mit einer ganzen Menge gezielter Information. Wer zum Beispiel durstig oder hungrig ist und ein Gasthaus ansteuert, möchte nicht lange nach dem Eingang suchen müssen, deshalb weisen die Blüten ihren Besuchern den richtigen Weg durch die farbliche Unterscheidung zwischen Blütenzentrum und Blütenperipherie. Derartige Kontrastprogramme, die das anfliegende Insekt zielgenau ins Zentrum führen (wo sich üblicherweise der Zugang zu den Nektarvorräten befindet), wirken auch bei uns selbst: Fast selbstverständlich werden auch unsere Blicke förmlich zum geometrischen Mittelpunkt einer Blüte hingezogen. Besondere Strich- und Punktmuster verstärken noch diesen Effekt. Man findet sie auf den Fahnen der Schmetterlingsblütengewächse, zum Beispiel beim Besenginster, Goldregen, Salbei oder Strauch-Eibisch.

Haben bereits allerhand Äußerlichkeiten des Blütendesigns mit respektablem Erfolg die dringend benötigten Pollenkuriere herangeführt, so sorgen weitere Feinheiten der Einzelorgane dafür, daß der Besucher auch wirklich genügend Blütenstaub an sich selbst bindet. Eine Hummel, die sich in einer Rosenblüte herumwälzt, wirbelt gewöhnlich genügend Staub auf, um sich eine hinreichende Fracht für die nächste Zielblüte in den Pelz zu setzen. Rieselt ihr beispielsweise aus einer besonders engen Blüte wie bei den Heidekrautgewächsen, nicht genügend Blütenstaub entgegen, hilft sie nach. Rasche Vibrationen ihrer Flugmuskulatur bringen hochfrequente Töne hervor, die die Staubblätter so erschütternd finden, daß gleich eine größere Pollenportion ins Rutschen gerät. Setzt sich ein schwereres Insekt auf die Blüten des Besenginsters, schnellen die eingerollten Staubblätter schlagartig vor, verpassen dem Besucher fast einen Kinnhaken und stäuben ihn kräftig ein. Beim Salbei fährt das Staubblattpaar bei Berührung wie ein Schlagbaum herunter, und beim Blasenstrauch arbeitet die Blüte wie eine Bürste, die dem Gast jeweils eine gehörige Pollenfracht in den Pelz fegt.

Herbst – Zeit der Fruchtreife

Auch die Strauchgehölze geben sich durchaus nicht nur mit dem Standort zufrieden, den sie gerade einnehmen. Sobald die Blütezeit vorüber ist, versuchen sie, mit reicher Frucht- und Samenproduktion auch größere Entfernungen zu überwinden, um andere, entfernt liegende Biotope für sich zu erobern. Allerhand trickreiche Verfahren kommen für die raumgreifende Verbreitung zum

Zum Bild: Die Blüten fremdländischer Straucharten – hier die des Scheinhasels – finden bei heimischen Insekten oft überhaupt kein Interesse.

In die Ferne schweifen

Früchte der Silberwurz

Einsatz – vom fliegenden Teppich bis zur verführerischen Frucht.
Grundsätzlich stehen den Gehölzen nur zwei Möglichkeiten offen, ihre Früchte oder Samen auf den möglichst weitreichenden Weg zu bringen. Entweder schlagen sie alles (Frucht und/oder Samen) einfach in den Wind, oder sie werfen ihre Früchte samt den eingeschlossenen Samen den Tieren buchstäblich zum Fraße vor.

Zum Bild: Früchte die per Luftpost verbreitet werden, entwickeln für die einmalige Luftreise besonders leichte Flugorgane.

In den Wind geworfen
Für die Windverbreitung müssen Samen und Früchte besondere technische Voraussetzungen erfüllen: Sie sollten möglichst klein und leicht sein. Bevor sie ihre Luftreise antreten, geben sie daher ihren Wasserballast ab und werden knistertrocken. Dadurch verringert sich das Startgewicht. Viele Samen sind ohnehin äußerst materialsparend konstruiert. Sogar die Samen großer Gehölze können winzig klein sein. Gute Beispiele dafür sind etwa alle unsere Strauchweiden, deren Samen weitaus kleiner sind als der Kopf einer Stecknadel. Unterstützt von feinen, seidigen Samenhaaren, in denen sich jeder Windhauch verfängt, treiben sie schon im Frühsommer in dichten Wolken umher. Oft bleiben mehrere solcher Samen mit den Haaren aneinander haften und gleichen kleinen fliegenden Teppichen. So wird verständlich, daß ihre Reichweite Dutzende von Kilometern betragen kann und manche Arten als Pioniergehölze immer als erste zur Stelle sind, wenn es Rohböden oder andere frisch verfügbare Standorte zu besetzen gilt.
Auf beachtliche Flugweiten kommen auch die leichtgewichtigen Birkennüßchen. Sie tragen breite Hautsäume und fliegen wie massenhaft ausgeworfene Frisbee-Scheiben über das Land. Insgesamt haben sich außer den Weiden- und Birkengewächsen nur relativ wenige Strauchgehölze auf Windverbreitung eingerichtet, während bei den heimischen oder eingeführten Bäumen un-

Zum Bild: Auch für Vogelaugen besonders reizvoll: geöffnete Kapselfrucht des Warzen-Spindelbaumes mit grellrotem Samenmantel und schwarzen Samen.

gleich mehr Arten dieses besondere Verbreitungsmittel einsetzen. Der Grund liegt offensichtlich darin, daß die Luftfahrer unter den Samen und Früchten bei den niedrigwüchsigen Sträuchern keine optimalen Startvoraussetzungen erwarten können. Daher sind auch die ohnehin weniger raumgreifend operierenden Propellersegler (wie zum Beispiel beim Ahorn) insgesamt keine besondere Domäne der Sträucher.

Tiere als Samenverbreiter

Unter den Samen und Früchten gibt es aber auch ausgesprochene Schwergewichtler – denkt man beispielsweise nur einmal an Haselnüsse oder die Eicheln der Strauchеichen. Windverbreitung scheidet hier natürlich aus, aber dennoch gibt es auch für die dicken Plumpsfrüchte hervorragend funktionierende Vertriebswege. Jetzt kommen die Tiere auf den Plan. Wegen des hohen Nährstoffgehaltes sind gerade die etwas üppiger ausfallenden Samen und Früchte bei Tieren ausgesprochen beliebt – sie werden deshalb eingesammelt, direkt verspeist oder als Vorrat gelagert. Eichhörnchen und Eichelhäher legen im Herbst gleich mehrere Depots an, viele davon auch direkt im Erdboden. Ihr Sammelgut tragen sie dabei von weit her zusammen. Ein einziger Eichelhäher kann im Laufe nur eines Monats Hunderte von Haselnüssen oder Eicheln transportieren. Einige dieser Mieten brauchen die hungrigen Tiere während der Winterwochen tatsächlich auf, andere vergessen sie aber auch einfach wieder. Somit ist allen Beteiligten geholfen: Die Überproduktion ernährt die Tiere, und der verschleppte, vergessene und vergrabene Rest sorgt an allen möglichen Stellen für ausreichenden Gehölznachwuchs.

Manche Gehölze preisen ihre Früchte sogar in besonders werbewirksamen Farben an. Zielgruppe von saftigen Beeren und üppigen Steinfrüchten sind verschiedene Kleinsäuger und vor allem die Vögel, die gerade auf Rottöne besonders gut ansprechen. Vögel entdecken aber auch die dunkelblauen oder graublau bereiften Früchte sofort, die für uns eher tarnfarbig aussehen. Der wachsige Belag reflektiert besonders gut das kurzwellige Licht, für das Vogelaugen ausgesprochen empfänglich sind. Die eher unscheinbaren Früchte der Blauen Heckenkirsche, der Acker-Brombeere oder der Schlehe erscheinen ihnen daher besonders leuchtend und einladend.

Nicht immer fahren die Gefiederten die komplette Ernte gleich in den ersten Herbstwochen ein. Häufig bleiben größere Vorräte als sogenannte Wintersteher noch für einige Monate am Geäst. Auf diese Reserve greifen all diejenigen Vögel sehr gerne zurück, die im Winter hier bleiben oder aus weiter nördlich gelegenen Gebieten zuziehen. Auch für die im Frühjahr aus dem warmen Süden zurückkehrenden Zugvögel bilden diese Früchte zum Teil einen sehr wichtigen Nahrungsvorrat. Bis zum Neustart der Saison allerdings ist aber auch das bereits sichtlich geschrumpfte Trocken-

Amsel bei der Fruchternte auf Gemeinem Schneeball

Zum Bild: Auf rotglänzende Früchte sprechen Vogelaugen besonders an. Oft tragen die Tiere die Ernte erst im Spätherbst, nach den ersten Frösten ein.

und Winterobst längst aufgebraucht und verschwunden.

Obwohl die Tiere die Früchte verzehren, ist für die betreffenden Pflanzen der Verbreitungserfolg gesichert, denn die meist sehr hartschaligen und daher unverdaulichen Samen überstehen die Magen-Darm-Passage völlig unbeschadet und ohne Verlust ihrer Keimfähigkeit. Im Gegenteil – manche Samen können sogar nur dann auskeimen, wenn sie zuvor eine gewisse Zeit im Verdauungskanal eines Vogels verbracht haben. Das umgebende Fruchtfleisch enthält bei vielen Pflanzenarten nämlich keimungshemmende Stoffe, deren Bremswirkung erst durch die Verdauungsenzyme der früchtefressenden Tiere gelockert wird.

Der Winter naht – allerhand Abfälliges

Fast immer sind im Leben der Pflanzen Farben im Spiel: Blüten locken mit äußerst dekorativem Make-up Bestäuberinsekten an, zahlreiche Früchte verwenden ebenfalls leuchtende, unübersehbare Farbigkeit als wirksames Werbemittel, und unübertroffen leuchten im Herbst die Laubblätter der blattwerfenden Sträucher und Bäume – doch diesmal hat die verschwenderische Farbenpracht keine spezifischen Signalwirkungen mehr zu erfüllen.

Die sommergrünen Laubgehölze lassen die Monate des Wachsens, Blühens und Reifens mit einem gekonnten Finale enden. Jedes Waldstück, jede Gehölzinsel in Feld und Flur, bietet von Oktober bis November ein ungemein eindrucksvolles Schauspiel. Von kräftigem Ocker über verschiedene Gelbbrauntöne bis

Farbe bekennen: Jungfernrebe in prächtiger Herbstfärbung

Zum Bild: Die brillante und bis zur Sättigung fortschreitende Färbung des Herbstlaubes deutet auf dramatische stoffliche Vorgänge in den Blattgeweben hin. Nicht immer hat die Pflanze davon besonderen Nutzen.

hin zu flammendem Karminrot ist eine erstaunlich umfangreiche Farbpalette im Einsatz. Stehen die Sträucher und Bäume im Herbstlaub, verändert plötzlich die gesamte Landschaft ihr Gesicht. Bei Blüten und Früchten ist der Sinn auffallender Farbigkeit klar und eindeutig zu umreißen: Es geht um die Anlockung von Insekten zur Bestäubung und um die Verbreitung der Samen oder Früchte – Funktionen, die klar im Dienste von Vermehrung und Verbreitung stehen. Buntes Herbstlaub dagegen hat mit der Fortpflanzung gar nichts mehr zu tun.

Tatsächlich ist die lebhafte Umfärbung der Blätter nur ein besonders prunkvolles Requiem, das kurz vor dem Laubfall aufgeführt wird. Nur bei Gehölzen, die jährlich ihr Laub abwerfen, ist daher buntes Herbstlaub zu erwarten. Bei immergrünen Strauchgehölzen vollzieht sich der gelegentliche Austausch der Blätter sehr unauffällig und fast immer ohne größere oder auffallende Farborgien.

Sichern, was zu retten ist

Soweit die Gehölze nicht immergrün sind, behandeln sie ihre Sommerblätter wie Wegwerfartikel, die nach einer Saison ausgedient haben. Auf der anderen Seite mußte jedoch für Anlage, Wachstum und Ausstattung der Saisonblätter einiges an stofflicher Substanz aufgewendet werden. Noch bevor sich die Sträucher in den Herbstwochen von ihren Blättern verabschieden, ziehen sie daher alle verwertbaren Stoffe aus den

Farborgie zum Saisonende

Zum Bild: Zwischen intensivem Karminrot und leuchtendem Goldgelb (wie hier bei der Zaubernuß) bilden die Herbstblätter artspezifisch verschiedene Farbtöne aus. Der Witterungsverlauf der Herbsttage greift in diese Abläufe ein.

ausgedienten Blattorganen heraus und bewahren diese im Holzkörper für die Wiederverwendung auf – Materialrecycling in Perfektion.

Zu den besonders wertvollen Bestandteilen der Blätter gehören ihre grünen Blattfarbstoffe. Sie werden folglich als erste abgezogen, so daß die immer vorhandenen Gelbpigmente um so deutlicher in Erscheinung treten. Mitunter leisten die Gehölze im Herbst aber auch noch eine nennenswerte Neusynthese von Farbstoffen, besonders von wasserlöslichen Substanzen mit ausgeprägt gelbroter oder kräftig roter Tönung. Wenn der Herbstwind ins Geäst fährt und die Blätter vom Zweig löst, geht in den meisten Fällen nur noch vergleichsweise wertlose Verpackung zu Boden.

Natürlich müssen die laubwerfenden Gehölze ihre herbstliche Umstellung rechtzeitig beginnen. Dabei reagieren sie auf ein Signal, das sich in jedem Jahr in gleicher Weise einstellt: die abnehmende Tageslänge. Wenn ab September die Tage merklich kürzer werden, richten sich die Bäume und Sträucher automatisch auf den Laubfall ein. Sie setzen die ressourcenschonende Stoffrückführung in Gang, bilden am Blattstiel besondere Trenngewebe aus und schalten auf diese Weise auch die Wasserversorgung der Blätter ab – eine Reihe verschiedener Abläufe, die gut aufeinander abgestimmt sein müssen. Die erforderlichen Belichtungsmesser zur Wahrnehmung der herbstlich kurz werdenden Tage sind die Blätter selbst. Entlang von Straßen und an hell erleuchteten Plätzen werden die Laubgehölze manchmal getäuscht: Straßenlaternen halten sie hier künstlich unter Langtagbedingungen. Für Sträucher mit ständig verlängerter Beleuchtungsdauer ist gleichsam Mitte Oktober noch Hochsommer. Folglich zeigen ihre Blätter im Wirkbereich starker Straßen- oder Vorgartenlampen nur wenig Neigung zu Umfärbung oder Laubfall. Sie bleiben grün, bis sie von den ersten Nachtfrösten zur endgültigen Aufgabe gezwungen werden.

Es ist reizvoll, die hübschen Farbmuster der herbstlich verfärbten Blätter genauer anzuschauen und die verschiedenen Möglichkeiten zu vergleichen.

Manche Blätter färben von den Rändern zu den Hauptnerven hin um. Bei anderen beschreiten die Blattgewebe den umgekehrten Weg und beginnen mit Stoffrückruf und Umfärben in der Mitte. Mitunter bleiben im sonst einheitlich umgefärbten Blatt normalgrüne Flecken wie Inseln übrig. Hier ist das stoffliche Geschehen im Blatt gestört worden, zum Beispiel durch minierende Insektenlarven oder Pilze. Solche Blattstellen bemerken gar nicht, daß es längst Herbst geworden ist.

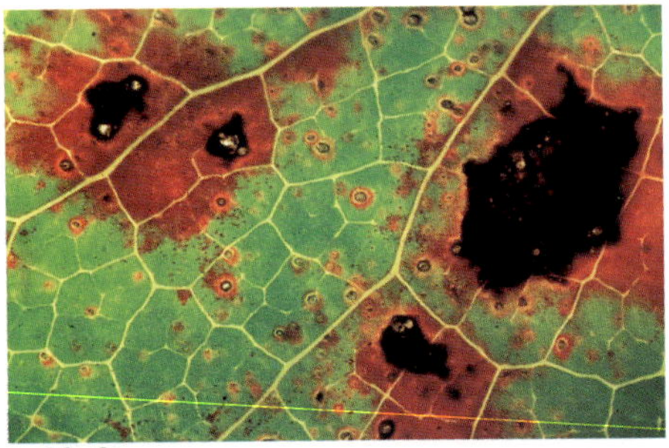

Lochfraß

Fraßgänge minierender Larven

Insektenfraß

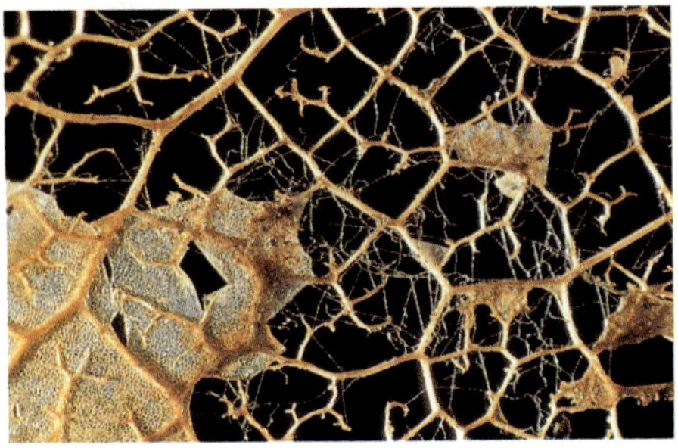

skelettiertes Blatt

Laubverwerter

Kaum liegen die Herbstblätter am Boden, macht sich auch schon ein Heer von Kleinlebewesen über diese Biomasse her, zerbröselt sie bis zur Unkenntlichkeit und zerlegt sie schließlich auch noch in die Ausgangsmaterialien.

Diese unendlich wichtigen Organismen nennen die Ökologen Destruenten. Ihr spezifisches Werkmaterial ist die soeben verblichene Sommergarderobe der Gehölze, die große Masse der Einwegblätter, abgestorbene Zweigstücke oder ausgediente Fruchtbehälter und was sonst so dem Nachwuchs der kommenden Saison weichen muß. Das Wurfgut der Sträucher und Bäume nennt die Fachsprache Detritus. Das vornehme sprachliche Gewand läßt bereits erkennen, daß Abfall durchaus nicht immer der letzte Dreck sein muß.

Gefallene Blätter bleiben nicht unbegrenzt auf dem Boden liegen – ihr Abbau vollzieht sich in Raten. Zuerst rückt eine Armada größerer und kleinerer Streubewohner an, die einfach nur an den Blättern herumnagen. Bodenasseln, Ringelwürmer, Felsenspringer, Ohrwürmer, Springschwänze und Hornmilben stellen gleichsam die Akteure der ersten Kolonne. Sie verschaffen sich durch planlosen Fensterfraß zunächst einmal Zugang zu den tiefer liegenden Blattgeweben und vertilgen die relativ weicheren Teile. Zahlreiche Insektenlarven, zum Beispiel von Haarmücken, Schnaken, Trauermücken oder Schnepfenfliegen, holen sich jetzt ebenfalls ihren Teil. Bald ist das ehemals so schöne Blatt tatsächlich nur noch ein Skelett. Geblieben sind die Verzweigungen der recht starren und harten Blattnerven, die dem

Zu den Bildern: Blattabbau und -verfärbung vom Lochfraß oder Pilzbefall (oben) über minierende Larven (Mitte oben) bis zur völligen Zerstörung der weichen Blattgewebe (unten).

Eisfrucht statt Fruchteis – Steinfrüchte des Gemeinen Schneeballs

Zum Bild: Bei manchen Arten müssen die reifen Früchte kräftig durchfrieren, um für Tiere genießbar zu sein. Als Kühlkostangebot bleiben sie bis weit in den Winter am Gezweig.

Biß der Destruenten zunächst noch standhalten. Sie bilden – im Gegenlicht betrachtet – besonders bizarre und formschöne Gefüge, die ein wenig an die verschlungene Ornamentik barocker Gitterschmiedekunst erinnern.

Aber auch dieses prachtvolle Design ist nur ein Miniaturkunststück auf Zeit. Irgendwann kommen nämlich weitere Klein- und Kleinstorganismen auf den Geschmack der längst verödeten Stoffleitbahnen und Flächentragwerke der Blätter, bis zuletzt nur noch krümeliger, fast strukturloser Humus übrigbleibt.

Der stete Wechsel von Neubildung der Blattorgane, dem Abwerfen entbehrlicher Bestandteile und deren Abbau bis zum wiederverwertbaren Mineralrecycling findet jedes Jahr aufs Neue statt. Die Natur macht uns vor, wie man den größten Teil der Nährstoffe ohne nenneswerten Stoffaustrag auf der Fläche hält und damit langfristig wirtschaftet.

Erst in jüngerer Zeit haben saure Niederschläge und die damit zusammenhängenden Veränderungen in der Umwelt den natürlichen Stoffhaushalt der Böden sehr gestört und beachtliche Probleme verursacht.

Alpine Zwergstrauchheide oberhalb der Baumgrenze

Sträucher bestimmen

Sträucher sind sehr viel mehr als nur wirr verzweigtes Geäst oder undurchdringliches Gebüsch. Die einheimischen und dazu auch die überaus zahlreich aus anderen Herkunftsgebieten eingeführten Arten präsentieren sich rund um das Jahr in anderen Ansichten – im Winter mit besonders klar hervortretenden Rinden- und Knospenstrukturen, vom Frühjahr bis in den Spätsommer mit auffälligem Blütenkleid und ab Herbst im Schmuck reifer Früchte oder prächtig verfärbter Laubblätter. Die meiste Zeit des Jahres – von Ende März bis weit in den Oktober hinein – tragen die sommergrünen, laubwerfenden Sträucher Blätter. Anhand von Blattmerkmalen lassen sie sich besonders einfach und zuverlässig bestimmen.

Ratschläge und Tips fürs Bestimmen

GU Kennfarben-Code als Bestimmungshilfe
Nach Merkmalen der Blattflächenteilung, Blattrandgestaltung und Blattstellung lassen sich die Blätter unserer Wild- und Ziersträucher zu leicht überschaubaren Formgruppen zusammenfassen.

Gelber Kennstreifen:
Auf den Seiten 62 bis 127 finden Sie Sträucher mit ungeteilten, glattrandigen Blättern. Hier sind aber auch diejenigen Arten eingeordnet, deren Blattrand so fein gezähnt oder gekerbt ist, daß er ohne Lupe nahezu glattrandig erscheint.

Grüner Kennstreifen:
Auf den Seiten 128 bis 165 finden Sie Wildsträucher mit gezähnten, gesägten, gekerbten oder gelappten Blättern.

Blauer Kennstreifen:
Auf den Seiten 166 bis 193 finden Sie alle Straucharten mit zusammengesetzten (gefiederten) Blättern, unabhängig von der Zähnung, Kerbung oder Lappung des Blattrandes.

Lila Kennstreifen:
Auf den Seiten 194 bis 207 finden Sie Sträucher mit nadel- oder schuppenförmigen Blättern. Hier sind alle Arten zusammengeführt, die verwandtschaftlich zu den Nacktsamern gehören, wie Gemeiner Wacholder und Sadebaum, aber auch eine Anzahl Bedecktsamer wie Heidekraut oder Tamariske, die ihre Blätter auf Nadel- oder Schuppenformat verkleinert haben.

Die Auswahl der Arten
In diesem GU Naturführer finden Sie alle wichtigen und interessanten Wildsträucher Mitteleuropas sowie der angrenzenden Gebiete bis zum Südalpenrand und ferner eine große Anzahl Ziersträucher, deren Heimat überwiegend das klimatisch vergleichbare Nordamerika oder Ostasien ist. Weitgehend unberücksichtigt blieben Kleinarten aus sehr schwierigen und unübersichtlichen Formenkreisen (wie die Strauchweiden und ihre Bastarde, viele Wildrosen oder die Kleinarten der heimischen Brombeere). Bei den eingeführten oder eingebürgerten Ziersträuchern wird gewöhnlich die Wildform vorgestellt.

Die Steckbriefe
Alle Farbfotos sind in freier Natur aufgenommen und zeigen die Straucharten mit ihren kennzeichnenden Blatt- und Wuchsmerkmalen, sehr häufig auch zur Blütezeit oder im Schmuck der Früchte. Im Laufe von Wachstum und Entwicklung, Blühen und Reifen und selbstverständlich auch in Abhängigkeit vom jeweiligen Standort verändern die Pflanzen in gewissem Umfang ihr Aussehen. Nicht alle Einzelheiten dieses Werdens, Veränderns oder Vergehens kann das Foto als Momentaufnahme festhalten.

Erläuterungen zum Bestimmungsteil

Die Beschreibungstexte enthalten knappe, verständliche und dennoch genaue Angaben, die zur raschen Identifizierung der Art erforderlich sind.
Pflanzennamen: Angegeben ist jeweils der gebräuchliche deutsche und wissenschaftliche Name nach dem neuesten Stand europäischer Florenwerke sowie die Pflanzenfamilie, zu der die betreffende Art gehört. Innerhalb der vier Kennfarben sind die Arten nach ihren Blattmerkmalen, ihrer Familienzugehörigkeit und in alphabetischer Reihung ihrer wissenschaftlichen Gattungsnamen angeordnet.
Jeder Steckbrief enthält die folgenden Angaben:
Aussehen: Erscheinungsbild des Strauches, Größe und Gesamteindruck beim ersten Hinsehen.
Äste und Zweige bestimmen sehr wesentlich das Erscheinungsbild der Pflanze. Die notwendigen Angaben erscheinen unter diesem Stichwort.
Die Blätter als langlebige Organe sind für das Wiedererkennen außerhalb der Blütezeit besonders wichtig. Spezielle Hinweise erleichtern das Verstehen von Besonderheiten der Blattform und Blattstellung.
Auch Blüten bieten wichtige Bestimmungskennzeichen und werden daher möglichst detailliert nach Farbe, Form und Größe vorgestellt. Hier finden sich auch Anmerkungen zum Aufbau des Blütenstandes.
Soweit die Früchte besonders auffällig sind, werden sie ebenfalls kurz beschrieben.
Blütezeit: Die Angaben zur Blütezeit beziehen sich auf das mitteleuropäische Verbreitungsgebiet der jeweiligen Arten und ihren Standort.
Vorkommen: Standort und Lebensgemeinschaft, in dem die betreffende Art von Natur aus vorzugsweise zu finden ist oder gärtnerische Verwendung als Ziergehölz.
Bestimmungstip: Hier werden sichere Erkennungs- und Unterscheidungsmerkmale zu ähnlichen Arten angegeben oder nahe verwandte Arten, die sonst nicht weiter aufgeführt werden, vorgestellt.
Gartentip: Hinweise auf die ökologische Bedeutung der betreffenden Art für die heimische Tierwelt sowie Hinweise auf Pflanzung und Pflege in Park und Garten.

Die Silhouetten

In Ergänzung zu den Farbstreifen finden Sie folgende Silhouetten:

Einfache, glattrandige, gegenständige Blätter

Einfache, glattrandige, wechselständige Blätter

Einfache, gesägte, gezähnte, gekerbte oder gelappte, gegenständige Blätter

Einfache, gesägte, gezähnte, gekerbte oder gelappte, wechselständige Blätter

Zusammengesetzte, (gefiederte) gegenständige Blätter

Zusammengesetzte, (gefiederte) wechselständige Blätter

Nadel- oder schuppenförmige Blätter

Naturschutz

Einige heimische Wildsträucher sind wegen ihrer Seltenheit besonders geschützt (Bundesartenschutzverordnung) und dürfen nicht beschädigt oder gar ausgegraben werden.
Denken Sie bitte daran, daß das Schneiden von Schmuckreisig von heimischen Wildsträuchern nach dem Bundesnaturschutzgesetz in jedem Fall verboten ist!

Kennfarbe Gelb

Einfache Blätter mit glattem Rand

Blätter mit weitgehend glattem, wie mit der Schere ausgeschnittenem Blattrand verkörpern den Typ eines einfachen Laubblattes schlechthin. Obwohl sie recht klar und einfach gestaltet sind, bringen sie dennoch eine beachtliche Gestaltenfülle zuwege.

Zum Erscheinungsbild eines einfachen, glattrandigen Laubblattes gehören selbstverständlich auch die besonderen Merkmale der Blattstiellänge, der eventuell vorhandenen Nebenblätter, die Oberflächenbeschaffenheit oder Anzahl und Verlauf der Blattnerven. Die jeweilige Kombination der Einzelmerkmale ist gewöhnlich so kennzeichnend, daß man die einzelnen Straucharten schon allein anhand der wichtigsten Blattmerkmale zuverlässig bestimmen kann.

Die Rote Heckenkirsche ist besonders im Fruchtschmuck ein sehr dekoratives und ökologisch wertvolles Strauchgehölz.

Sommerflieder

Die Nektarblüten...

...locken zahlreiche Falter

Sommerflieder, Schmetterlingsstrauch
Buddleja davidii
Sommerfliedergewächse
Aussehen: Sommergrüner, mittelgroßer, im Freistand sehr breiter, dichter und buschiger Strauch, einzeln oder in kleineren Gruppen, bis 3 m. Blätter fiedernervig, elliptisch bis lanzettlich, gegenständig, 6-25 cm lang und 2-7 cm breit, gezähnt, auf der Oberseite mattgrün, unterseits grau- oder weißfilzig. Zweige rutenförmig und sehr lang, leicht bogig überhängend. Junge Zweige behaart. Blüten vierzipflig mit enger Kronröhre, im Bereich des Röhreneingangs kräftig gelb, sonst (sortenabhängig) blau-violett oder rötlich, selten auch reinweiß. Zahlreiche Einzelblüten sind zu endständigen, aufrechten ährenartigen Rispen angeordnet. Kapselfrucht unauffällig.
Blütezeit: VII–VIII. Fruchtreife ab IX.
Vorkommen: Ursprünglich nur in Ostasien (China und Japan), wächst dort in Auengehölzen entlang von Fließgewässern und in Felsgebüschen. Häufig angepflanzt und auf Schuttgelände oder an Bahnanlagen verwildert.
Bestimmungstip: Die lang zugespitzten Blätter und üppigen Blütenstände können mit keinem anderen Zierstrauch verwechselt werden.
Gartentip: Wenig schattenverträglich. Für Schmetterlinge ausgesprochen attraktiv, wird zur Blütezeit vor allem von Tagfaltern (Admiral, Tagpfauenauge, Kleiner Fuchs) besucht.
Kann im Winter stärker zurückfrieren, treibt aber immer wieder neu aus.

Tatarischer Hartriegel

Gelber Hartriegel, blühend

Gelber Hartriegel, Früchte (Kornelkirschen)

Hartriegel-Arten sind im Blüten- und Fruchtschmuck gleichermaßen attraktiv. Nur vom Gelben Hartriegel sind die einladenden Steinfrüchte eßbar. Für Vögel und Kleinsäuger stellen die Früchte aller Hartriegel-Arten eine wertvolle Zusatznahrung dar.

Tatarischer Hartriegel

Cornus alba
Hartriegelgewächse
Aussehen: Sommergrüner, dichtlaubiger Zierstrauch, ohne Ausläufer, bis 3 m. Blätter bogennervig, elliptisch-oval, oberseits kräftig grün, unterseits bläulich. Blüten klein, gelblichweiß, zahlreich in 3-5 cm breiten Schirmrispen. Steinfrüchte hellblau oder weißlich, ungenießbar.
Blütezeit: V–VI, Fruchtreife ab VII.
Vorkommen: Beheimatet in Ostasien von Sibirien bis Nordkorea.
Bestimmungstip: Die bei den meisten Sorten korallenrote Rinde ist unverkennbar.
Gartentip: Wenig schattenverträglich. Fällt durch frühzeitigen Laubaustrieb und schöne Herbstfärbung der Blätter auf. Die Steinfrüchte sind eine wertvolle Singvogelnahrung. In zahlreichen Sorten gepflanzt.

Gelber Hartriegel, Kornelkirsche

Cornus mas
Hartriegelgewächse
Aussehen: Sommergrüner Strauch oder kleiner Baum, sparrig verzweigt, bis 8 m. Blätter beidseits gleichfarben, oberseits glänzend. Blüten vor den Blättern, hellgelb in kleinen Dolden. Steinfrucht hängend, kräftig rot. Eßbar.
Blütezeit: II–IV. Fruchtreife ab VII.
Vorkommen: Waldränder, Säume, Flurhecken, Gebüsche.
Bestimmungstip: Früher Blühtermin, Blätter mit meist 3-4 Bogennerven.
Gartentip: Eignet sich für Mischhecken. Wertvolles Wildobst und Vogelgehölz. Oft im Straßenbegleitgrün.

Hartriegelgewächse

Roter Hartriegel, Früchte

Roter Hartriegel, Blüten

Schwedischer Hartriegel, Blüten

Schwedischer Hartriegel, Früchte

Roter Hartriegel

Cornus sanguinea
Hartriegelgewächse
Aussehen: Sommergrüner Strauch oder Baum, bis 5 m. Blätter elliptisch, zugespitzt, kurzgestielt, mit drei Bogennervenpaaren. Blüten reinweiß, in dichten Schirmrispen, erscheinen nach dem Blattaustrieb. Steinfrüchte kugelig, ungenießbar.
Blütezeit: V–VI. Fruchtreife ab IX.
Vorkommen: Flurhecken, Auengebüsche, Laubwälder, Straßenbegleitgrün, auf Steinböden.
Bestimmungstip: Lichtseite der Zweigrinde (vor allem im Winter) stark gerötet. Blüten duften nach Fisch.
Gartentip: Wertvolles Hecken- und Vogelschutzgehölz. Treibt Ausläufer, prächtiges Herbstlaub.

Schwedischer Hartriegel

Cornus suecica
Hartriegelgewächse
Aussehen: Kleinwüchsig, am Grunde nur sehr schwach verholzt und meist staudig, bis 0,25 m. Blätter breit-elliptisch, bogennervig. Zweige vierkantig, meist dunkelrot, liegend oder aufsteigend. Blüten weiß, in doldenförmigen Köpfchen. Steinfrucht rot, ungenießbar.
Blütezeit: V. Fruchtreife ab VII.
Vorkommen: Moore, Zwergstrauchbestände auf sauren Böden, Norddeutschland, Skandinavien.
Bestimmungstip: Liegende, krautige Äste und sehr große Blütenstandhülle.
Gartentip: Sehr gut zur Unterpflanzung von Sträuchern oder Hecken. Häufiger ist der sehr ähnliche **Kanadische Hartriegel** *(Cornus canadensis)* im Handel.

Gemeiner Spindelbaum, Früchte (giftig!)

Gemeiner Spindelbaum, Blüten

Gemeiner Spindelbaum im Fruchtschmuck

Gemeiner Spindelbaum, Pfaffenhütchen

Euonymus europaea
Spindelbaumgewächse
Aussehen: Sommergrüner Strauch oder kleiner Baum, einzeln oder im Bestand, dicht und sparrig verzweigt, 2-6 m. Blätter kreuzgegenständig, oval-lanzettlich und lang zugespitzt, kurzgestielt, kahl, oberseits dunkelgrün, unterseits leicht bläulich, weitgehend glattrandig oder allenfalls unauffällig gekerbt, im Herbst kupferrot. Zweige zäh und kräftig. Holz gelblich, wurde früher zu Zeichenkohle und verschiedenen Drechslerprodukten (Spindeln) verarbeitet. Blüten unauffällig, vierzählig, grünlich, langgestielt, in den Blattachseln, duften nur sehr schwach. Kapselfrucht vierklappig, zur Reifezeit karminrot. Die Samen sind recht groß und weißlich, in der Kapsel jedoch von einem kontrastreich orangeroten Samenmantel umgeben. **Sehr giftig!**
Blütezeit: V–VI. Fruchtreife ab IX.
Vorkommen: Feldgehölze, Gebüsche, Wald- und Wegränder.
Bestimmungstip: Die Zweige und Äste sind glatt, grün und vierkantig. Die Jahrestriebe tragen am Grunde kantenverstärkende Korkleisten.
Gartentip: Erträgt auch Beschattung. Dekoratives und wertvolles Vogelgehölz (Nistraum, Nahrung, Deckung), sollte trotz der für den Menschen giftigen Teile häufiger verwendet werden. Wegen des prächtigen und meist auch sehr reichen Fruchtschmucks häufig als Ziergehölz gepflanzt. Bevorzugt stickstoffhaltige, mäßigwarme Standorte.

Spindelbaumgewächse

Breitblättriger Spindelbaum,Früchte

Breitblättriger Spindelbaum, Blüte

Warzen-Pfaffenhütchen, Blüten

Spindelbaum, Korkleisten

Während Vögel die Samen und Früchte der Spindelbaumgewächse ohne weiteres verzehren, sind alle Arten dieser Gattung für den Menschen stark giftig. Sie enthalten herzwirksame Stoffe, die denen des Roten Fingerhutes sehr ähnlich sind.

Breitblättriger Spindelbaum

Euonymus latifolia
Spindelbaumgewächse
Aussehen: Sommergrüner, kleiner bis mittelgroßer Wildstrauch mit aufrechten, sparrigen Ästen, bis 5 m. Blätter länglich-oval, fein zugespitzt, bis 12 cm lang. Blüten überwiegend fünfzählig, Kronblätter grünlich, an den Rändern rot. Fruchtkapsel fünfklappig, kantig mit schmalem Flügelsaum. Samen weiß, mit orangerotem Samenmantel. **Sehr giftig!**
Blütezeit: V–VI, Fruchtreife ab IX.
Vorkommen: Krautreiche Mischwälder der Gebirgsstufe (Alpen, Apenninen, Cevennen, Balkan).
Bestimmungstip: Fünfzählige Blüten, rundliche Zweige und Blattstiel mit rinniger Vertiefung unterscheiden vom Gemeinen Pfaffenhütchen.
Gartentip: Bisher wenig als Zierstrauch verwendet, aber wertvolle Art für den Naturgarten.

Warzen-Pfaffenhütchen

Euonymus verrucosa
Spindelbaumgewächse
Aussehen: Sommergrüner, kleiner Strauch mit abstehenden Ästen, bis 2 m. Blätter oval-lanzettlich. Blüten grünlich, mit dunkelroten Punkten. Kapselfrucht gelbrot. Samen schwarz, von blutrotem Samenmantel bedeckt. **Giftig!**
Blütezeit: V–VI, Fruchtreife ab IX.
Vorkommen: Ost- und Südosteuropa von Polen und Österreich bis zum Ural.
Bestimmungstip: Zweige und Äste mit zahlreichen schwarzbraunen Warzen.
Gartentip: Selten als Zierstrauch verwendet, für Naturgarten jedoch wertvoll.

Blut-Johanniskraut, Blüten und Früchte

Immergrünes Johanniskraut

Blattstellung

Die Blüten der Johanniskrautgewächse sind sehr ergiebige Pollenspender.

Blut-Johanniskraut, Mannsblut

Hypericum androsaemum
Johanniskrautgewächse
Aussehen: Immergrüner dicht verzweigter Strauch mit kriechenden oder aufsteigenden Ästen, 30–80 cm. Blätter sitzend, kahl, bis 10 cm lang und 6 cm breit, stumpf-eiförmig, lederig, durch Öldrüsen durchscheinend punktiert. Blüten hellgelb, bis 3 cm breit, langgestielt. Beerenfrucht anfangs rotbraun, später glänzend schwarz, ungenießbar.
Blütezeit: VI–VIII. Fruchtreife ab VIII.
Vorkommen: Wälder und Gebüsche im wintermilden West- und Südeuropa.
Bestimmungstip: Kennzeichnend sind die großen, lederigen, unterseits blaugrünen Blätter.
Gartentip: Selten als Ziergehölz angepflanzt, für den Naturgarten jedoch sehr zu empfehlen.

Immergrünes Johanniskraut

Hypericum calycinum
Johanniskrautgewächse
Aussehen: Immergrüner, dicht verzweigter, buschiger Strauch mit zahlreichen Ausläufern, 20–60 cm. Blätter kurzgestielt, stumpfelliptisch, durchscheinend punktiert.
Blüten bis 7 cm breit, einzeln, lang gestielt. Kapselfrucht braunrot, hängend.
Blütezeit: VII–IX.
Vorkommen: Lichte Wälder, steinige Böschungen.
Bestimmungstip: Glatte Kapselfrucht, Äste vierkantig mit zwei schmalen Leisten.
Gartentip: Erträgt Schatten und wird häufig als Bodendecker verwendet.
Für die heimische Tierwelt weniger wertvoll.

Zierliche Deutzie, Blüten

Zierliche Deutzie, Bestand

Deutzien werden schon seit längerer Zeit in zahlreichen Arten und Sorten als Ziergehölze verwendet. Besonders zur Blütezeit wirken sie außerordentlich attraktiv. Für die heimische Tierwelt sind sie von geringerer Bedeutung.

Zierliche Deutzie

Deutzia gracilis
Hortensiengewächse
Aussehen: Sommergrüner, ziemlich buschiger und raschwüchsiger Zierstrauch, mit bogig überhängenden, etwas kantigen und hohlen Zweigen, um 1 m. Blätter kreuzgegenständig, länglich-oval, am Grunde keilförmig, lang zugespitzt, 3-7 cm lang, wenig, aber scharf gesägt, oberseits deutlich, unterseits nur schwach behaart, fiedernervig. Blüten zahlreich in aufrechten Rispen am Ende beblätterter Triebe, fünfzählig, weiß, Kronblätter sternförmig ausgebreitet, schmal-oval. Kapselfrucht unauffällig.
Blütezeit: V–VI.
Vorkommen: Heimisch in Ostasien (Japan).
Bestimmungstip: Zahlreiche weitere Arten der überwiegend aus Ostasien stammenden Gattung werden in verschiedenen Sorten angeboten, darunter auch etliche mit rosa oder gefüllten Blüten. Die **Rauhblättrige Deutzie** *(Deutzia scabra)* trägt auf ihren Blätter besonders auffällige Sternhaare und entwickelt weiße oder rötliche, bis 3 cm breite Blüten. Bei der **Langblättrigen Deutzie** *(Deutzia longifolia)* erscheinen die schmal lanzettlichen Blätter bläulichgrün und sind mit vielstrahligen Sternhaaren bedeckt, die Blüten sind außen rosa bis purpurn gefärbt.
Gartentip: In mehreren Sorten häufig als Ziergehölz verwendet. *Deutzia*-Arten (-Hybriden) vertragen Halbschatten und sind auch in unserem Klima ziemlich winterfest. Nur Spätfröste werden kaum ertragen.

Buchsbaumgewächse

Buchsbaum im Lebensraum

Buchsbaum, Blütenstände

Der Buchsbaum ist eines der wenigen immergrünen Laubgehölze der heimischen Flora. Obwohl er vor allem südlich der Alpen weit verbreitet ist, erträgt er auch mäßig harte Winter und ist deswegen ein klassischer Bestandteil kleiner Formhecken.

Buchsbaum

Buxus sempervirens
Buchsbaumgewächse
Aussehen: Immergrüner, dicht verzweigter Wildstrauch oder kleiner Baum mit aufrechten Ästen und Zweigen, bis 7 m. Rinde auffallend glatt, braun, nur an sehr alten Exemplaren im Stammbereich in längsrissige Platten oder Streifen aufgelöst.
Blätter gegenständig, kurzgestielt, oval bis rundlich, stumpf oder leicht ausgerandet, oberseits glänzend dunkelgrün, unterseits hellgrün, lederig und fest.
Blüten klein, unauffällig, gelblich. Bräunliche Kapselfrucht unauffällig.
Alle Teile der Pflanze sind leicht giftig!
Blütezeit: III–IV.
Vorkommen: Bevorzugt sonnige Abhänge, Felsgebüsche oder lichte Wälder auf steinigem, zeitweise auch sehr trockenem Boden. In Wärmegebieten (Weinbaugebiet) von Mitteleuropa (nördlichstes Wildvorkommen an der unteren Mosel) bis Vorderasien.
Bestimmungstip: Typisch sind die immergrünen, ziemlich dicht stehenden Blätter.
Gartentip: Sehr häufig als dekoratives, schnittfestes Park- und Gartengehölz angepflanzt. Der Buchsbaum ist eine alte Kloster- und Bauerngartenpflanze, die früher in Form sehr niedriger Schnitthecken als Beetumfassung gezogen wurde. Durch Schnitt vor allem in der französischen Gartenkunst auch in allerhand Phantasieformen gebracht. Die Blüten bieten reiche Nektartracht. In Hecken oder als Einzelpflanze wertvolles Nistgehölz.

Gewöhnlicher Liguster, Blüten

unreife Früchte

reife Früchte

Wintergrüner Liguster, Formschnitt

Gewöhnlicher Liguster, Rainweide

Ligustrum vulgare
Ölbaumgewächse
Aussehen: Sommer- und teils wintergrüner Wild- und Zierstrauch, bis 3 (5-7) m. Blätter kurzgestielt, etwas lederig, oberseits dunkelgrün, unterseits heller, mit kräftiger Mittelrippe. Zweige rutenförmig, dünn, biegsam. Blüten vierzählig, in lockerer Rispe, Kronzipfel länger als Kronröhre, weiß, duften angenehm. Steinfrüchte glänzend schwarz, ungenießbar und **giftverdächtig.**
Blütezeit: VI–VII, Fruchtreife ab VIII.
Vorkommen: Flurhecken, Waldsäume, Auengebüsche. Häufig angepflanzt.
Bestimmungstip: Lockere Blütenrispe und schmalelliptische, zugespitzte und mattgrüne Blätter.
Gartentip: Sehr schnittfest und schattenverträglich, eignet sich gut als Formhecke. Nist-, Deckungs- und Nahrungsgehölz.

Wintergrüner Liguster

Ligustrum ovalifolium
Ölbaumgewächse
Aussehen: Wintergrüner, durch Schnitt meist sehr verdichteter Zierstrauch, 1-3 m. Blätter eiförmig-elliptisch, 3-8 cm lang, oberseits glänzend dunkelgrün, unterseits gelbgrün, beidseits kahl. Blüten cremeweiß, Kronröhre etwa drei Mal so lang wie Kronzipfel, in gedrungenen, bis 10 cm langen, endständigen Rispen.
Blütezeit: VI–VII. Fruchtreife ab VIII.
Vorkommen: Beheimatet in Ostasien (Japan, Korea).
Bestimmungstip: Schlankere Blütenkrone als beim heimische Liguster.
Gartentip: Ziergehölz.

unreife Kapselfrüchte

weißblühend Form

Flieder ist ein Gehölz im Übergang vom Großstrauch zum Baum. Die duftenden Blüten werden nur von sehr wenigen Insekten besuchen.

Gewöhnlicher Flieder, violettblühende Form

Gewöhnlicher Flieder

Syringa vulgaris
Ölbaumgewächse
Aussehen: Sommergrüner, großer Strauch oder Baum mit rundlicher Krone, 2-6 (selten 10) m.
Blätter breit-oval, lang zugespitzt, am Grunde herzförmig, gestielt, 6-12 cm lang, beidseits gleichfarben und kahl, Nervatur fein durchscheinend.
Zweige rundlich, mit grauer oder braungrüner, glatter Rinde, an älteren Ästen und am Stamm grau längsrissig. Das rötlichbraune Holz ist ziemlich hart.
Blüten mit vierzipfliger, trichterförmiger Krone und sehr enger Kronröhre, von den Staubblättern nicht überragt, blau, violett, rötlich oder weiß; zahlreich in dichten, endständigen Rispen, duften sehr stark und angenehm. Kapselfrucht zweiklappig, bräunlich.
Blütezeit: IV–V, Fruchtreife ab IX.
Vorkommen: Heimisch in lichten Wäldern und Gebüschen Südosteuropas und Vorderasiens. Verwildert und an sonnigen Felshängen, Bahndämmen oder auf Brachland eingebürgert.
Bestimmungstip: Die festen, ganzrandigen Blätter und die großen Blütenstände sind unverkennbar.
Gartentip: Seit 1560 auch in Mitteleuropa bekannt und seither als Ziergehölz sehr beliebt und häufig.
Flieder muß regelmäßig zurückgeschnitten werden, wenn er seine Strauchform behalten soll. Die so einladend duftenden Blüten können nur von besonders langrüssligen Insekten ausgebeutet werden. Die ökologische Bedeutung auch für die übrige heimische Tierwelt ist gering.

Alpen-Heckenkirsche, Früchte (giftig!)

Alpen-Heckenkirsche, Blüten

Blaue Heckenkirsche, Früchte (giftig!)

Alpen-Heckenkirsche

Lonicera alpigena
Geißblattgewächse
Aussehen: Sommergrüner, aufrechter Strauch, meist einzeln, 1-3 m. Blätter gestielt, zugespitzt. Blüten immer paarweise. Doppelbeere kugelig, glänzend hochrot. **Giftig!**
Blütezeit: V–VII, Fruchtreife ab VIII.
Vorkommen: Krautreiche Bergmischwälder, an Säumen und Wegen, in Hochstauden- und Schlagfluren auf kalkreichem Boden. Gebirge Mittel- und Südeuropas.
Bestimmungstip: Die gelblich-trübroten und lippig aufgebauten Blütenkronen sind besonders kennzeichnend.
Gartentip: Für den Naturgarten empfehlenswert.

Blaue Heckenkirsche

Lonicera caerulea
Geißblattgewächse
Aussehen: Sommergrüner, kleiner, aber stärker verzeigter Wildstrauch, 1-2 m. Blätter kurzgestielt, rundlich oval, anfangs behaart, später kahl. Blüten paarweise, gelblich-weiß, mit trichterförmiger, fast radiärer Blütenkrone. Doppelbeere elliptisch, schwarz, aber bläulich bereift. **Giftig!**
Blütezeit: IV–VI, Fruchtreife ab VII.
Vorkommen: Bergmisch- und -nadelwälder, Erlengebüsche und Legholzgesellschaften auf sauren Rohhumusböden. Europäische Gebirge (außer Schwarzwald und Vogesen).
Bestimmungstip: Weicht in Blattform und Blütengestalt von der vorigen Art deutlich ab.
Gartentip: Für den Naturgarten empfehlenswert.

Schwarze Heckenkirsche, Früchte (giftig!)

Immergrüne Heckenkirsche, Früchte (giftig!)

Schwarze Heckenkirsche, Blüten

Heckenkirschen entwickeln als einzige heimische Sträucher eigenartige Doppelblüten und Doppelbeeren. Die Früchte sind bei allen Arten der Gattung giftig.

Schwarze Heckenkirsche

Lonicera nigra
Geißblattgewächse
Aussehen: Sommergrüner, kleinerer Wildstrauch mit dünnen, gebogenen Zweigen, 1-2 m, meist einzeln stehend. Blätter kurzgestielt, schmal-oval bis elliptisch. Blüten paarweise auf langem Stiel, Krone hellrosa. Doppelbeeren kugelig, oft auch ungleich groß, schwarz, bläulich bereift. **Giftig!**
Blütezeit: IV–VI, Fruchtreife ab VII.
Vorkommen: Waldränder, Wegsäume und Gebüsche, vor allem in den Gebirgslagen Mittel- und Südeuropas.
Bestimmungstip: Besonders kennzeichnend sind die schwärzlichen, vielschuppigen und relativ kleinen Winterknospen.
Gartentip: Wird nicht als Ziergehölz verwendet, für den Naturgarten empfehlenswert.

Immergrüne Heckenkirsche

Lonicera nitida
Geißblattgewächse
Aussehen: Immergrüner, sehr dicht verzweigter, Strauch, 1-2 m. Blätter länglich-oval, um 1 cm lang, oberseits glänzend dunkelgrün. Blüten cremeweiß, in kurzgestielten Paaren an Seitentrieben. Doppelbeeren glänzend purpurn, erbsengroß. **Giftig!**
Blütezeit: V, Fruchtreife ab VI.
Vorkommen: Heimisch im westlichen China.
Bestimmungstip: Zweige kreuzgegenständig, Blätter auffallend klein.
Gartentip: In mehreren Sorten als Zierpflanze verwendet, erträgt mäßige Beschattung.

Geißblattgewächse

Wald-Geißblatt, Blütenstand

Wald-Geißblatt im Lebensraum

Wald-Geißblatt, Früchte (giftig!)

Das Wald-Geißblatt entwickelt von allen heimischen Sträuchern die längsten Kornröhren. Nur langrüßlige Schmetterlinge (vor allem Schwärmer) können die Nektarvorräte ausbeuten.

Wald-Geißblatt, Wald-Heckenkirsche

Lonicera periclymenum
Geißblattgewächse

Aussehen: Sommergrüner, rechtswindender Schlingstrauch, reich verzweigt und ziemlich dichtlaubig, 4-5 m. Blätter sitzend, zugespitzt oder leicht gerundet, länglich-oval, frei, oberseits dunkelgrün, unterseits bläulich. Blüten zweilippig, zu mehreren in endständiger Dolde, mit schlanker, bis 5 cm langer, leicht gebogener Kronröhre, vor der Öffnung rötlich überlaufen, nach dem Aufblühen gelb und nach der Bestäubung noch farbkräftiger; besonders gegen Abend sehr wohlriechend, werden vorzugsweise von langrüssligen Nachtfaltern (Schwärmer-Arten) besucht und bestäubt. Doppelbeeren kugelig, oft ungleich groß, hochrot, glänzend. **Schwach giftig!**

Blütezeit: V–VIII, Fruchtreife ab VIII.

Vorkommen: Hecken, Gebüschsäume, Waldränder, Schlagfluren, Heiden. Ziemlich häufig und in Europa von Südskandinavien bis in den Mittelmeerraum sehr weit verbreitet.

Bestimmungstip: Die gegenständigen Blätter sind nicht paarweise miteinander verwachsen wie beim ähnlichen Echten Geißblatt.

Gartentip: Wenn man ihm Befestigungshilfen anbietet, kann man diesen blühstarken und interessanten Wildstrauch zur Begrünung von Mauern oder Hochzäunen verwenden. Wichtiges Vogelschutzgehölz (Nistraum, Nahrungsangebot, Deckung) und auch für Insekten und Kleinsäuger von Bedeutung.

Tataren-Heckenkirsche, blühend

Rote Heckenkirsche, Früchte (giftig!)

Die beiden hier abgebildeten Heckenkirschen-Arten, deren Beerenfrüchte für den Menschen giftig sind, werden ziemlich häufig in Straßenbegleitgehölzen angepflanzt. Vor allem im spätsommerlichen Fruchtschmuck sehen sie sehr dekorativ aus.

Tataren-Heckenkirsche

Lonicera tatarica
Geißblattgewächse
Aussehen: Sommergrüner, aufrechter, stärker verzweigter Zierstrauch, 2-4 m. Blätter stumpf-oval, am Grunde herzförmig. Blüten paarig, Kronen hellrot oder weiß, oft gestreift, lippig gespalten. Doppelbeere blutrot glänzend. **Giftig!**
Blütezeit: V–VI.
Vorkommen: Stammt aus Osteuropa und Westasien. Häufig als Ziergehölz verwendet.
Bestimmungstip: Die Blätter sind kahl.
Gartentip: Ökologisch der Roten Heckenkirsche gleichwertig. Vogelschutzgehölz.

Rote Heckenkirsche

Lonicera xylosteum
Geißblattgewächse
Aussehen: Sommergrüner, mittelgroßer, verzweigter Wildstrauch, 1-3 m hoch. Blätter gestielt, oval, beidseitig schwach weichhaarig, am Rande bewimpert. Blüten paarig in den Blattachseln, mit zweilippigen, weißlichen Kronen und kurzer, etwas bauchiger Kronröhre. Doppelbeere erbsengroß, dunkelrot, glänzend, sehr saftig. **Schwach giftig!**
Blütezeit: V–VI, Fruchtreife ab VII.
Vorkommen: Laub- und Nadelmischwälder mit krautigem Unterwuchs, Schlagfluren, Gebüsche. Fehlt in Norddeutschland (Nordeuropa).
Bestimmungstip: Blätter behaart, am Grunde nicht herzförmig.
Gartentip: Für Einzel- und Heckenpflanzungen im Garten sehr empfehlenswert. Wichtiges Vogelschutzgehölz, vor allem für Singvögel.

Garten-Geißblatt, Früchte (giftig!)

Garten-Geißblatt, fruchtend

Die Geißblatt-Arten sind sehr kletterfreudige Schlingpflanzen, denen man allerdings eine stützende Unterlage anbieten muß. Die einladenden Früchte, die wie auf einem grünen Servierteller präsentiert werden, sind giftig.

Garten-Geißblatt, Jelängerjelieber

Lonicera caprifolium
Geißblattgewächse

Aussehen: Sommergrüner, rechtswindender Schlingstrauch, klettert oft mehr als 5 m hoch.
Blätter kreuzgegenständig, sehr kurzgestielt oder sitzend, elliptisch bis breitoval, bis 5 cm breit und doppelt so lang, vorne stumpf, oberseits matt dunkelgrün, unterseits heller und bläulich. Die oberen gegenständigen Blätter sind am Grunde paarweise miteinander verwachsen. Das oberste Blattpaar am Zweigende bildet einen elliptischen Teller. Blüten fünfzählig, mit sehr kleinem Kelch und 3 cm langer, sehr enger, trichterförmiger Kronröhre, deren freie Kronzipfel sich zweilippig umbiegen, cremeweiß, mitunter auch rötlich überlaufen. Beerenfrüchte rundlich oder elliptisch, hochrot.
Giftig!
Blütezeit: V–VII. Fruchtreife ab VIII.
Vorkommen: Lichte Wälder und Gebüsche auf besonnten Hängen. Ursprünglich nur von Südosteuropa bis zum Schwarzmeergebiet. Vielfach angepflanzt und vor allem in Mittel- und Westeuropa verwildert oder eingebürgert.
Bestimmungstip: Besonders kennzeichnend sind die eigenartigen, miteinander verwachsenen Blattpaare.
Gartentip: Weitere schlingende und sehr kletterfreudige Ziergehölze sind die immergrünen, aus Ostasien stammenden *Lonicera japonica* mit weißgelben und *Lonicera henryi* mit purpurroten Blüten.
Wertvolle Nektarquellen und Nistgehölze.

Gemeine Schneebeere, Früchte (giftig!)

Korallenbeere, Blüten

Schneebeeren, volkstümlich auch Knallerbsen genannt, sind in vielen Parkanlagen heimisch geworden. Die reinweißen, giftigen Früchte bleiben auch nach dem Laubfall noch eine Weile am Gezweig, ehe sie von Vögeln geerntet werden.

Gemeine Schneebeere

Symphoricarpos rivularis
Geißblattgewächse
Aussehen: Sommergrüner, sehr reichästiger und buschiger Zierstrauch, 1-2 m. Zweige ziemlich dünn, schwach kantig, markig oder hohl, bogig überhängend. Blätter kurzgestielt, rundlich-elliptisch, oberseits dunkelgrün, unterseits heller bläulichgrün, kahl oder nur auf der Unterseite schwach behaart.
Blüten sehr klein, mit glockiger, weißlicher oder rötlicher Krone, zu mehreren in achsel- oder endständigen Ähren.
Beerenartige Steinfrüchte mit sehr schwammigem Fruchtfleisch, kugelig, ungleich groß, weiß. Bleiben oft auch während des Winters am Strauch. **Giftverdächtig!**
Blütezeit: VI–VII, Fruchtreife ab IX.
Vorkommen: Heimisch im pazifischen Nordamerika und dort im Saum von Nadelwäldern an Hügeln und Hängen oder in Auengehölzen. Zu Beginn dieses Jahrhunderts nach Europa eingeführt und als dekoratives Parkgehölz weit verbreitet. Stellenweise verwildert und eingebürgert.
Bestimmungstip: In vielen Merkmalen ist die **Korallenbeere** *(Symphoricarpos orbiculatus)* ähnlich. Ihre kugeligen bis elliptischen, ungenießbaren Steinfrüchte sind rötlich bis karminrot. Sie stammt ebenfalls aus Nordamerika und wird neuerdings häufiger als Park- und Gartengehölz angepflanzt.
Gartentip: Schneebeeren (auch Bastarde mit der Korallenbeere) werden in niedrigwüchsigen Sorten als Bodendecker gepflanzt.

Alpen-Kreuzdorn, blühend

Alpen-Kreuzdorn, Früchte (giftig!)

Purgier-Kreuzdorn, Früchte (giftig!)

Alpen-Kreuzdorn

Rhamnus alpina
Kreuzdorngewächse
Aussehen: Sommergrüner, meist schlanker, dornenloser Wildstrauch, 1-3 m. Blätter bis 12 cm lang, breit-oval, vorne gerundet, mit 7-20 Seitennervenpaaren. Blüten unscheinbar, grünlich-gelb, büschelig in den Blattachseln, zweihäusig.
Steinfrüchte blauschwarz. Samen glänzend gelb. **Giftig!**
Blütezeit: V–VII, Fruchtreife ab VII.
Vorkommen: Waldsäume, Gebüsche an Fließgewässern und Felshänge der Gebirge Südeuropas, von Österreich bis zum Balkan und zu den Pyrenäen.
Bestimmungstip: Auffallend sind die zahlreichen, nur wenig bogig verlaufenden Blattnerven.
Gartentip: Für den Naturgarten empfehlenswert.

Purgier-Kreuzdorn

Rhamnus cathartica
Kreuzdorngewächse
Aussehen: Sommergrüner, mittelgroßer, etwas sparrig verzweigter und bedornter Wildstrauch bis 3 m oder kleiner Baum bis 8 m. Blätter mit kurzer Spitze, sehr fein gesägt, mit 3-4 Seitennerven. Blüten vierzählig, unscheinbar grünlich, in den Blattachseln.
Steinfrüchte mattglänzend schwarz. **Giftig!**
Blütezeit: IV–VI, Fruchtreife ab IX.
Vorkommen: Säume, Auengehölze, Gebüsche, Flurhecken.
Bestimmungstip: Die Seitennerven der Blätter sind stark gebogen.
Gartentip: Im Fruchtschmuck recht dekorativ, für Wildhecken und Vogelschutzpflanzungen.

Zwerg-Kreuzdorn, Blüten

Zwerg-Kreuzdorn, Früchte (giftig!)

Felsen-Kreuzdorn, Früchte (giftig!)

Zwerg-Kreuzdorn

Rhamnus pumila
Kreuzdorngewächse
Aussehen: Liegender oder kriechender, stark verzweigter, kleiner und dornenloser Wildstrauch (Spalierstrauch), bis 20 cm. Blätter an den Zweigenden büschelig gehäuft, oval. Blüten vierzählig, unscheinbar grünlich-gelb, zwittrig oder eingeschlechtig. Steinfrucht kugelig, blauschwarz, mattglänzend. **Giftig!**
Blütezeit: V–VII, Fruchtreife ab VII.
Vorkommen: Pionierbesiedler und Felsbewohner vor allem von kalk haltigem Gestein in der alpinen Höhenstufe bis 2350 m in den mittel- und südeuropäischen Hochgebirgen.
Bestimmungstip: Kennzeichnend sind die kurzgestielten, ovalen Blätter und die knorrige Verzweigung.
Gartentip: Für den Naturgarten geeignet.

Felsen-Kreuzdorn

Rhamnus saxatilis
Kreuzdorngewächse
Aussehen: Sommergrüner, sparrig verzweigter, bedornter, meist kleinerer Wildstrauch, bis 2 m. Blätter ziemlich klein, elliptisch, zugespitzt, oberseits hellgrün und mattglänzend. Triebe behaart, mit braunroter Rinde. Blüten vierzählig, unscheinbar, hellgelb, büschelig in den Blattachseln. Steinfrucht glänzendschwarz. **Giftig!**
Blütezeit: IV–V.
Vorkommen: Europäischer Faltengebirgsgürtel von den Pyrenäen bis zum Balkan.
Bestimmungstip: Blätter deutlich kleiner als beim ähnlichen Purgier-Kreuzdorn.
Gartentip: Für den Naturgarten geeignet.

Laubholz-Mistel mit abseilenden Klebsamen (giftig!)

Laubholz-Mistel, fruchtend

Laubholz-Mistel, Keimling

Laubholz-Mistel, männliche Blüten

Laubholz-Mistel

Viscum album
Mistelgewächse
Aussehen: Immergrüner, meist sehr reich verzweigter, kugeliger Strauch bis 1 m Durchmesser auf Laubbäumen.
Blätter um 5 cm lang und bis 1 cm breit, lederig-derb, länglich-zungenförmig, vorne gerundet, beidseitig gleichfarben gelblich-grün, fallen nach etwa 15 Monaten ab. Blüten zweihäusig, unscheinbar, einzeln oder zu mehreren an den Sproßenden.
Scheinbeere kugelig, weißlich, besteht aus einem stark klebrigen Fruchtfleisch und mehreren darin eingebetteten Samen mit zusätzlicher Hülle. **Giftig!**
Blütezeit: III–V, Fruchtreife ab XI des gleichen Jahres.
Vorkommen: Von der Ebene bis ins Hügelland im wintermilden Mittel- und Südeuropa weit verbreitet und häufig, im Bergland bis etwa 1300 m.
Bestimmungstip: Laubholz-Misteln wachsen bevorzugt auf Pappeln, Weiden, Birken, Hainbuchen, Robinien, Kastanien und Obstgehölzen (vor allem Apfel), nicht dagegen auf Buchen oder Eichen. Sie sind Halbparasiten, die ihrer Wuchsunterlage lediglich Wasser und Mineralsalze entnehmen Die Schädigung des Trägerbaums hält sich daher meist in Grenzen. Nur massiver Befall ist problematisch.
Gartentip: Die biologisch so interessante Mistel kann man leicht an Obstgehölz ansiedeln. Man verstreicht dazu im Frühjahr die ausgereiften Samen auf einem Ast. Die Keimung verläuft allerdings sehr langsam.

Laubholz-Mistel im Bestand

Nadelholz-Mistel

Misteln sind ökologisch außerordentlich interessante Pflanzen. Leider werden sie zunehmend als Dekorationsartikel geplündert. Bei mäßigem Befall sind sie für ihre Wirtsbäume völlig unschädlich. Die weißlichen oder gelblichen Früchte sind giftig!

Nadelholz-Mistel

Viscum laxum

Mistelgewächse

Aussehen: Immergrüner, kugeliger Strauch bis 1 m Durchmesser mit kurzem Stamm und regelmäßig gabelig verzeigten Ästen. Blätter spatelig, lederig-derb, im Winter betonter gelblich-grün als im Sommer.

Blüten zweihäusig, zu mehreren ungestielt an den Enden der Sproßachsen.

Die kugeligen Scheinbeeren färben sich von Grünlich nach Gelblichweiß und reifen während der Wintermonate heran. **Giftig!**

Blütezeit: III – IV.

Vorkommen: Im natürlichen Verbreitungsgebiet von Nadelbäumen, in mittleren und höheren Gebirgslagen ganz Europas.

Bestimmungstip: Manchmal werden die Nadelholz-Misteln mit der sehr nahe verwandten Laubholz-Mistel zu einer einzigen Art zusammengefaßt. Auf jeden Fall lassen sich bei den nadelholzbewohnenden Formen zwei verschiedene Formen (Unterarten) von ausgeprägter Wirtsspezifität trennen: Tannen-Misteln besetzen nahezu ausschließlich die Weiß-Tanne. Ihre Früchte sind länglich-eiförmig. Die Kiefern-Mistel entwickelt kleinere, gelbliche Früchte und kommt vor allem auf der Wald-Kiefer, seltener auch auf der Schwarz-Kiefer vor. Die Europäische Lärche bleibt stets mistelfrei, die forstlich kultivierte Japanische Lärche kann dagegen beide Formen der Nadelholz-Mistel tragen.

Gartentip: Die Ansiedlung auf Gartengehölzen erfolgt wie bei der Laubholz-Mistel, gelingt aber nicht so zuverlässig.

Großes Immergrün, Blüten

Kleines Immergrün, blühend

Die Kronblattzipfel der Immergrünblüte sind vorne schief abgeschnitten. Daher ist die radförmig ausgebreitete Blüte nicht mehr streng strahlig-symmetrisch. Alle Teile der Pflanze sind leicht giftig!

Großes Immergrün

Vinca major

Immergrüngewächse

Aussehen: Halbstrauch mit kriechenden, an den Knoten wurzelnden Sproßachsen und aufsteigenden oder herabgebogenen Zweigen. Blätter lederig, lanzettlich, bis 9 cm lang, zum Zweigende hin größer. Blüten bis 5 cm breit, hellblau bis blauviolett, mit kurzer Röhre und breiten, mühlradartigen Zipfeln. Balgfrucht.

Blütezeit: III–V (auch IX–X).

Vorkommen: Heimisch im Mittelmeergebiet, in schattigen Wäldern und Auengehölzen.

Bestimmungstip: Blätter mattgrün, am Rand bewimpert.

Gartentip: Vielfach als Ziergehölz (Bodendecker) verwendet und eingebürgert. Schattenverträglich, eignet sich sehr gut als Unterpflanzung von Hecken.

Kleines Immergrün

Vinca minor

Immergrüngewächse

Aussehen: Immergrüner Halbstrauch mit dünnen, kriechenden Sproßachsen. Nur blütentragende Zweige bis 20 cm hoch. Blätter kurzgestielt, lederig, bis 5 cm lang, lanzettlich. Blüten blau bis blauviolett, Kronröhre trichterförmig, Kronzipfel schief abgeschnitten (Mühlradform). Balgfrucht.

Blütezeit: III–VI.

Vorkommen: Wälder, Gebüsche, Hecken, westliches und südliches Mitteleuropa, häufig verwildert und eingebürgert.

Bestimmungstip: Blätter nicht bewimpert und am Grunde keilförmig.

Gartentip: Schattenverträglicher Bodendecker.

Echter Lavendel, Blüten

Lavendelfeld in Südfrankreich (Provençe)

Lavendel gehört zu den besonders geschätzten Aromapflanzen. Auch für blütenbesuchende Insekten (vor allem Bienen und Hummeln) ist er beinahe unwiderstehlich. Diese besondere Wirkung kann er auch im Blumen- oder Kräutergarten entfalten.

Echter Lavendel

Lavandula angustifolia
Lippenblütengewächse
Aussehen: Immergrüner, meist stark ästiger und buschiger Wildstrauch mit aufsteigenden, ziemlich steifen Ästen, die kantige Kurztriebe tragen, um 1 m. Blätter gegenständig, schmal-lanzettlich bis linealisch, bis 5 cm lang, an beiden Enden verschmälert, stumpf, nicht stechend, randlich leicht eingerollt, beidseitig graufilzig, mitunter auch unbehaart. Blüten lippenförmig, kurzgestielt, mit graufilzigem bis bläulichem Kelch und lavendelblauer Krone, deren Kronröhre den Kelch nur wenig überragt, sehr zahlreich in aufrechten, langgestielten und ährenartigen Blütenständen, die jeweils aus mehreren Scheinquirlen bestehen. Alle Teile der Pflanze duften angenehm aromatisch.
Blütezeit: VI–VIII.
Vorkommen: Sonnige Trockenhänge auf steinigem, flachgründigem Boden vor allem im westlichen Mittelmeergebiet, von der Ebene bis 1700 m.
Bestimmungstip: Recht ähnlich ist der **Breitblättrige Lavendel** *(Lavandula latifolia)*. Seine Blütenstände sind gedrungener, und die Einzelblüten besitzen je zwei graufilzige Vorblätter.
Gartentip: Der Bastard aus beiden Arten, häufig Lavandin genannt, wird in Südfrankreich zur Aromagewinnung angebaut und auch als Gartenpflanze angeboten. Lavendel ist auch in Mitteleuropa winterfest. Wertvolle Futterpflanze für blütenbesuchende Insekten. Benötigt einen sonnigen Standort im Kräutergarten oder zwischen Rosen.

Ysop

Ysop, Teil des Blütenstandes

Der Ysop ist eine weniger bekannte, aber besonders empfehlenswerte Art für den Aroma- oder Kräutergarten, der auch von Bienen und Hummeln sehr gerne besucht wird. Die Unterlippe der prächtigen Lippenblüte ist sehr kräftig entwickelt.

Ysop

Hyssopus officinalis
Lippenblütengewächse
Aussehen: Kräftige Staude oder (teilweise immergrüner) Halbstrauch mit liegenden oder aufrechten Ästen und kantigen Zweigen, um 60 cm.
Blätter kreuzgegenständig, nur an Kurztrieben büschelig und daher scheinbar wirtelig angeordnet, sitzend, bis 5 cm lang, linealisch bis schmal-lanzettlich. Blütenkelch regelmäßig fünfzähnig mit langen Grannenspitzen, Krone zweilippig, kräftig blau, selten auch violett, rötlich oder reinweiß. Zahlreiche Einzelblüten werden zu endständigen, ährenartigen, einseitswendigen Blütenständen mit mehreren vielblütigen Scheinquirlen angeordnet. Alle Teile der Pflanze duften beim Abstreifen oder Zerreiben angenehm und aromatisch.
Blütezeit: VII–IX.
Vorkommen: In Südeuropa (Mittelmeergebiet) beheimatet, bevorzugt trockene, steinige, flachgründige Hänge auf kalkhaltiger Unterlage.
Wird seit langem in Gartenkultur gehalten, durch Verwilderung vielerorts eingebürgert.
Bestimmungstip: Die Unterlippe der Kronen ist deutlich größer als die etwas undeutliche Oberlippe und wird von den Staubblättern weit überragt. Die Pflanze ist sehr formenreich und kann in Merkmalen der Behaarung oder der Kelchgestalt abweichen.
Gartentip: Ist auch in Mitteleuropa winterfest. Sehr dekorativ, wertvolle Trachtpflanze für blütenbesuchende Insekten. Heil- und Gewürzpflanze für den Kräutergarten.

Gemeiner Rosmarin, Rollblatt

Gemeiner Rosmarin, Einzelblüte

Gemeiner Rosmarin, alter Strauch

Gemeiner Rosmarin
Rosmarinus officinalis
Lippenblütengewächse
Aussehen: Immergrüner, sehr dicht verzweigter und buschiger Strauch mit aufrechten oder aufsteigenden Ästen, 1-2 m, gelegentlich auch niederliegend. Zweige mit grauer Rinde.
Blätter kreuzgegenständig, derb, lederig, sitzend, bis 4 cm lang, am Rande umgerollt, vorne gerundet, nicht stechend, oberseits dunkelgrün und mattglänzend oder leicht runzlig, unterseits weißfilzig mit zahlreichen Sternhaaren.
Blüten fünfzählig, zweilippig, mit glockigem Kelch und hellblauer, manchmal auch violettblauer oder weißlicher Krone, deren Röhrenabschnitt den Kelch überragt. Oberlippe zweispaltig und weit zurückgebogen. Die Blüten sind zu wenigen in achselständigen, scheinquirlartigen Trauben zusammengefaßt, die vor allem im oberen Drittel der Zweige erscheinen. Alle Teile der Pflanzen duften beim Zerreiben angenehm aromatisch.
Blütezeit: I–IV.
Vorkommen: Trockene, sonnige Hänge auf Kalkgestein, lichte Gebüsche, Waldsäume. Charakterpflanze der Macchien im Mittelmeerraum.
Bestimmungstip: Besonders auffällig sind die steif aufrechten Äste und Zweige und der frühe Blühtermin.
Gartentip: Rosmarin ist in Mitteleuropa nördlich der Alpen nicht frostbeständig und kann daher hier nur als Topf- oder Kübelpflanze gezogen werden.
Rosmarinblätter sind unentbehrlicher Bestandteil der „Kräuter der Provençe“.

Echter Salbei

Echter Salbei, Blütenstand

Echter Salbei, Würzblätter

Echter Salbei

Salvia officinalis
Lippenblütengewächse
Aussehen: Immergrüner, reichästiger Halbstrauch mit liegenden oder heruntergebogenen Stämmchen und Ästen und davon aufsteigenden, überwiegend krautigen und dicht belaubten Zweigen, um 50 cm. Blätter kreuzgegenständig, überwiegend wintergrün, ziemlich derb und fest, gestielt, glattrandig oder sehr fein gekerbt, auffallend runzlig, oberseits graugrün und anfangs dicht behaart, unterseits weißfilzig, sortenabhängig vor allem während der kalten Jahreszeit dunkelviolett überlaufen. Blüten fünfzählig, mit kräftig braunroten, zweilippigen Kelchen und bis 3,5 cm langen violettblauen Kronen, deren Unterlippe größer ist als die Oberlippe und nach unten geschlagen wird. Blüten in wenigblütigen Scheinquirlen zu einem endständigen, ährenartigen Gesamtblütenstand zusammengefaßt. Alle Teile der Pflanze duften beim Zerreiben oder Abstreifen angenehm aromatisch.
Blütezeit: VI–VII.
Vorkommen: Ursprünglich im westlichen Mittelmeergebiet und dort an steinigen Hängen, auf Brachland oder entlang von Wegen weit verbreitet. Verwildert in Mitteleuropa nur selten.
Bestimmungstip: Die großen Blüten und die runzligen, länglichen Blätter schließen Verwechslungen aus.
Gartentip: Seit dem Altertum in Gartenkultur und heute in verschiedenen Sorten im Handel. Sollte im Herbst um etwa ein Drittel zurückgeschnitten werden. Heil- und Gewürzpflanze für den Kräutergarten.

Echter Thymian, blühend

Echter Thymian

Thymus vulgaris
Lippenblütengewächse

Aussehen: Immergrüner, reichästiger und dicht buschiger Kleinstrauch mit aufrechten oder aufsteigenden Ästen und Zweigen, bis 40 cm. Blätter kreuzgegenständig, klein, mit seitlich nach unten umgeschlagenen Blatträndern, oberseits graugrün, unterseits dicht weißlich samthaarig. Blüten fünfzählig, deutlich zweilippig, mit kurzem Kelch und hellrötlicher oder sehr hell violetter Krone, zu mehreren büschelig in den Blattachseln neuer Triebe und daher scheinbar kopfig gehäuft an den Zweigenden. Alle Teile der Pflanze duften beim Abstreifen oder Zerreiben angenehm und sehr intensiv aromatisch.

Blütezeit: V–X.

Vorkommen: Heimisch in stark besonnten, steinigen Abhängen und Felsheiden des Mittelmeergebietes. Gelegentlich aus Aromagärten verwildert.

Bestimmungstip: Von anderen gartentauglichen Arten wie dem heimischen **Sand-Thymian** oder **Quendel** *(Thymus serpyllum)* oder dem **Gemeinen Thymian** *(Thymus pulegioides)* durch die kräftig verholzten Zweige und die stark eingerollten Blattspreiten unterscheidbar.

Gartentip: Seit dem Altertum als Aromapflanze sehr geschätzt und in Gartenkultur. Für den Duft- und Aromagarten unentbehrlich. Muß jährlich etwas zurückgeschnitten werden, damit er seine dichtbuschige Form behält. Wertvolle Futterpflanze für blütenbesuchende Insekten. Benötigt einen sonnigen Standort.

Magnoliengewächse

Stern-Magnolie, blühend

Stern-Magnolie, Einzelblüte

Magnolie, Gartenform

Trotz ihres bezaubernden Aussehens sind Magnolienblüten recht einfach aufgebaut. Sie zeigen noch mancherlei Anklänge an die Zapfen der Nadelbäume.

Stern-Magnolie

Magnolia stellata
Magnoliengewächse
Aussehen: Sommergrüner, großer Strauch oder kleinerer Baum mit reichästiger, rundlich gewölbter oder breit-kegelförmiger Krone, 2-5 m.
Blätter 6-17 cm lang, 1-3 cm breit, elliptisch bis lanzettlich, kurz zugespitzt oder abgerundet, am Grund keilförmig, oberseits dunkelgrün, unterseits deutlich heller, kahl oder nur sehr spärlich behaart, am Rande mitunter leicht gewellt. Die Blüten erscheinen unmittelbar vor dem Laubaustrieb. Kelch- und Kronblätter gleichgestaltet, spatelförmig, reinweiß, außen manchmal leicht rötlich überlaufen, zurückgeschlagen, bis 10 cm breit. Die großen Blütenknospen meist endständig, filzig behaart. Jahrestriebe seidig behaart. Die Früchte (soweit entwickelt) bleiben unauffällig.
Blütezeit: III–IV.
Vorkommen: Heimisch in Ostasien (Zentraljapan).
Bestimmungstip: Besonders kennzeichnend sind die sternförmig spreizenden, verhältnismäßig schmalen Blütenhüllblätter (Kelch- und Kronblätter).
Gartentip: In mehreren Sorten als Gartengehölz angepflanzt.
Lichtholz, erträgt keine Beschattung. Die handelsüblichen Sorten wachsen relativ langsam. Ausgesprochen dekorative Gartenpflanze, die auch nach mehreren Jahren keinen großen Raumbedarf entwickelt und sich daher besonders als blickfangendes Einzelstück eignet. Ökologisch für die heimische Tierwelt von untergeordneter Bedeutung.

Echter Lorbeer, blühend

Echter Lorbeer, junge Früchte

Der in seiner Heimat waldbildende Lorbeerbaum ist die Charakterpflanze der immergrünen mediterranen Hartlaubvegetation. Seine Blätter sind schon seit Jahrhunderten als Aromalieferanten beliebt.

Echter Lorbeer

Laurus nobilis

Lorbeergewächse

Aussehen: Immergrüner, meist von Grund an sehr reich und buschig verzweigter Großstrauch oder kleiner Baum, anfangs mit kegelförmiger, später mit zunehmend rundlicher Krone, 1-8 m.

Blätter sehr lederig und derb, langgestielt , bis 10 cm lang und 4 cm breit, lanzettlich, spitz, am Grunde keilförmig, am Rande leicht wellig oder undeutlich gekerbt, oberseits glänzend dunkelgrün, unterseits matt hellgrün. Seitennerven in der unteren Blatthälfte häufig leicht rötlich, duften beim Zerreiben angenehm aromatisch (alte Würzpflanze).

Blüten klein, grünlich-gelb, zu mehreren in den Blattachseln, eingeschlechtig (zweihäusig). Beerenfrucht kugelig, um 1 cm groß, anfangs grün, in der Reife mattglänzend schwarz.

Blütezeit: III–V, Fruchtreife ab IX.

Vorkommen: Einzeln an felsigen Hängen oder als Unterwuchs in lichten Mischgehölzen. Ursprünglich nur auf dem Balkan und in Kleinasien, heute im gesamten Mittelmeergebiet weit verbreitet. Wichtige Kennpflanze der immergrünen mediterranen Hartlaubvegetation.

Bestimmungstip: Die kräftigen, von einer starken Mittelrippe durchzogenen Blätter sind unverkennbar.

Gartentip: Lorbeer ist in Mitteleuropa nördlich der Alpen nicht winterhart, obwohl er leichten Frost erträgt. Daher kultiviert man ihn überwiegend als Topf- oder Kübelpflanze, die im Kalthaus überwintert wird.

Judasbaum mit stammansitzenden Einzelblüten

Judasbaum

Cercis siliquastrum
Johannisbrotgewächse
Aussehen: Sommergrüner, größerer Strauch oder kleiner Baum, 4-6 m, gewöhnlich mehrstämmig. Zweige und Knospen intensiv rotbraun. Blätter wechselständig, rundlich, vorne stumpf oder leicht ausgerandet, am Grunde herzförmig, im Austrieb hell-graugrün, später gelblichgrün, kahl, unterseits heller, im Herbstaspekt intensiv goldgelb bis karminrot. Blüten büschelig, erscheinen unmittelbar vor dem Laubaustrieb, fünfzählig, Krone um 2 cm lang, rosa-rötlich, obere beiden Kronblätter wesentlich schmäler als die drei unteren.
Hülsenfrucht 6-10 cm lang, zusammengedrückt und an der Bauchnaht schmal geflügelt, reif braunrot.
Blütezeit: III–IV, Fruchtreife ab IX.
Vorkommen: Heimisch im Mittelmeergebiet von der nördlichen Adria über den gesamten Balkan bis nach Vorderasien. Ursprüngliche Verbreitung unklar, da sehr häufig als Ziergehölz angepflanzt.
Bestimmungstip: Der Judasbaum zeigt die eigenartige, sonst fast nur bei Tropenbäumen vorkommende Erscheinung der Stammblütigkeit (Kauliflorie): Die lebhaft rötlich gefärbten Blüten sitzen direkt an den älteren Ästen oder auch am Stamm.
Gartentip: Seit dem 16. Jahrhundert auch in Mitteleuropa als Park- und Gartengehölz verwendet. Lichtbedürftige Art für kalkhaltigen Boden, nur in milden Lagen winterfest. Sehr dekorativ, für die heimische Tierwelt nicht sehr ergiebig.

Gemeine Felsenbirne, blühend

Gemeine Felsenbirne, junge Früchte

Gemeine Felsenbirne, Blüten

Gemeine Felsenbirne, reife Früchte

Gemeine Felsenbirne

Amelanchier ovalis
Rosengewächse

Aussehen: Sommergrüner, gewöhnlich sehr reich verzweigter und dichtkroniger Wildstrauch mit dünnen, langen Stämmchen, 1-3 m. Junge Triebe filzig behaart, später glänzend olivbraun. Blätter langgestielt, breitoval, an beiden Enden abgerundet, oberseits mattgrün und kahl, unterseits gelblich und filzig, später kahl und nur noch mit Achselbärten.
Blüten zu mehreren in endständigen Rispen, erscheinen unmittelbar vor dem Laubaustrieb, fünfzählig, mit langen, sehr schmalen, reinweißen Kronblättern. Apfelfrucht blauschwarz bereift, mehlig, von angenehmem Geschmack, eßbar.
Blütezeit: IV–VI, Fruchtreife ab VIII.
Vorkommen: Felsgebüsche, sonnige, trockene Steilhänge oder im Saum von Halbtrockenrasen, gerne auf Kalk, von Mitteleuropa bis Kleinasien.
Bestimmungstip: Sehr charakteristisch sind der auffällige reiche Blütenflor, die behaarten Blätter und die schwärzlichen, kleinen Apfelfrüchte.
Gartentip: Wertvolles Vogelgehölz (Nahrung und Nistraum). Ähnlich zu bewerten ist die häufig als Garten- oder Straßenbegleitgehölz gepflanzte, sehr blühintensive **Kupfer-Felsenbirne** *(Amelanchier lamarckii)*, deren Blätter mit zartem Kupferrotton austreiben, erst allmählich ergrünen und mit prächtigen Herbstfarben abfallen. Die schwarzroten, bläulich bereiften Apfelfrüchte dienen noch im Sommer als Singvogelnahrung.

Japanische Zier- oder Scheinquitte, Blüten

Japanische Scheinquitte, blühend

Fruchtbehang

Zier- oder Scheinquitten pflanzt man vor allem wegen ihrer auffallenden Reichblütigkeit und der für Gehölze ungewöhnlichen Blütenfarbe an.

Japanische Zierquitte

Chaenomeles japonica
Rosengewächse
Aussehen: Sommergrüner, kleiner, meist sehr reichästiger und bedornter oder (häufiger) dornenloser Strauch von kugeligem Wuchs, um 1m.
Blätter gestielt, breit-oval, 3-5 cm lang, vorne meist stumpf, leicht kerbig gesägt oder weitgehend glattrandig, etwas lederig, oberseits glänzend dunkelgrün, unterseits hellgrün, fiedernervig.
Blüten fünfzählig, zu mehreren in doldenartigen Trauben am Ende beblätterter Zweige, Kelchblätter grünlich-rot, Kronblätter ziegel- bis scharlachrot, radförmig ausgebreitet, bis 3 cm breit. Apfelfrüchte kugelig, bis 4 cm dick, grünlich, orangefarben gepunktet. Sehr aromatisch, aber oft ziemlich sauer und daher roh weitgehend ungenießbar, jedoch gekocht verwendbar.
Blütezeit: III–IV, Fruchtreife ab VI.
Vorkommen: Heimisch in Ostasien.
Bestimmungstip: Die Wildpflanze wird vom Handel kaum angeboten. Stattdessen ist ein außerordentlich reichhaltiges Sortiment von Hybriden mit der **Chinesischen Zierquitte** *(Chaenomeles speciosa)* am Markt. Meist bleiben sie niedrigwüchsig und entwickeln besonders große orangefarbene bis karminrote Blüten.
Gartentip: Schon seit langem als frühblühendes Ziergehölz in Parks und Gärten gepflanzt. Sehr dekorativ, wegen des Blütenreichtums interessante Trachtpflanze für Bienen und Hummeln, auch als Nistgehölz geeignet. Benötigt einen sonnigen Standort.

Felsen-Zwergmispel, fruchtend

Felsen-Zwergmispel, Blüten

Felsen-Zwergmispel, Früchte

Felsen-Zwergmispel

Cotoneaster integerrimus
Rosengewächse

Aussehen: Sommergrüner, kleiner und dicht verzweigter Wildstrauch mit aufrechten und abstehenden Zweigen, bis 1 m. Triebe filzig behaart.
Blätter fast zweizeilig angeordnet, etwa doppelt so lang wie breit und an beiden Enden verschmälert, oberseits dunkelgrün und kahl, unterseits dicht weiß- bis graufilzig behaart, mit deutlich erkennbarer Blattnervatur.
Blüten fünfzählig, ziemlich klein, glockig, einzeln oder zu wenigen in endständigen Trauben, mit blaßroten Kronen. Frucht etwa erbsengroß, scharlachrot, rundlich, kahl, ungenießbar.
Blütezeit: IV–V, Fruchtreife ab VIII.
Vorkommen: Felsen, steinige Hänge, trockene Böden und Geröllhalden in sonniger Lage, oft im Saum von Halbtrockenrasen. In Europa weit verbreitet, in den Alpen bis in 2000 m.
Bestimmungstip: Die lanzettlichen, vorne undeutlich zugespitzten und unterseits filzigen Blätter sowie die glatte rotbraune Rinde der älteren Zweige sind unverkennbar. Die Rinde duftet beim Zerreiben leicht nach Marzipan.
Gartentip: Die Felsen-Zwergmispel bietet sehr nektarreiche Blüten und wird daher gerne von Hautflüglern besucht. Die zur Reifezeit leuchtendroten Früchte bieten für beerenverzehrende Vogelarten willkommene Nahrung. Wegen der reichen Verzweigung auch als Nistgehölz sehr geeignet. Eignet sich für sonnigen Standort und Halbschatten.

Fächer-Zwergmispel, Bestand

Filz-Zwergmispel, Blüten

Fächer-Zwergmispel, Früchte (giftig!)

Filz-Zwergmispel, Früchte

Fächer-Zwergmispel

Cotoneaster horizontalis
Rosengewächse
Aussehen: Sommer- bis wintergrüner Zierstrauch mit flach ausgebreiteten Ästen, um 0,5 m. Blätter zweizeilig, breitelliptisch, oberseits dunkelgrün, unterseits nur schwach behaart. Blüten cremeweiß, in den Blattachseln, Kronblätter aufrecht. Früchte scharlachrot, **schwach giftig!**
Blütezeit: V–VI, Fruchtreife ab VIII.
Vorkommen: Heimisch in Ostasien (China).
Bestimmungstip: Bei der ähnlich aussehenden **Teppich-Zwergmispel** *(Cotoneaster dammeri)* sind die weißen Kronblätter ausgebreitet.
Gartentip: Bodendecker für sonnigen bis halbschattigen Standort.

Filz-Zwergmispel

Cotoneaster tomentosus
Rosengewächse
Aussehen: Sommergrüner kleiner Wildstrauch mit überhängenden und abstehenden Zweigen, 1-2 m. Blätter kurzgestielt, oval, unterseits weißfilzig. Blüten fünfzählig, Kronblätter weißlich, aufrecht. Früchte etwa erbsengroß, hochrot, matt glänzend, ungenießbar.
Blütezeit: IV–V, Fruchtreife ab IX.
Vorkommen: Waldränder, Gebüschstreifen, strauchreiche Laubmischbestände in trockenen, warmen Lagen vor allem in Mittel- und Südeuropa.
Bestimmungstip: Im Vergleich zur Felsen-Zwergmispel sind die Blätter breiter und rundlicher.
Gartentip: Für den Naturgarten empfehlenswert.

Deutsche Mispel im Fruchtschmuck

Deutsche Mispel

Mespilus germanica
Rosengewächse
Aussehen: Sommergrüner, nur wenig verzweigter Wildstrauch oder kleiner Baum, 2-5 m. Äste häufig bedornt. Triebspitzen der Zweige häufig graufilzig. Blätter leicht gewellt oder fein gekerbt, meist jedoch völlig glattrandig, länglich-oval, 8-12 cm lang und bis 4 cm breit, am Grunde schwach herzförmig oder gerundet, auf der feinrunzligen Oberseite anfangs behaart, später zunehmend kahl, auf der Unterseite heller und meist grünfilzig. Im Herbstaspekt kräftig gelb.
Blüten fünfzählig, immer einzeln, Krone reinweiß, bis 5 cm breit, flach ausgebreitet. Apfelfrucht behaart, rötlichbraun. Eßbar (vor allem nach Frosteinwirkung).
Blütezeit: V–VI, Fruchtreife ab IX.
Vorkommen: Der Name Deutsche Mispel ist irreführend: Die Mispel stammt aus dem Mittelmeergebiet und wurde schon vor dem Mittelalter als Obstgehölz nach Mitteleuropa eingeführt. Selten aus früherer Gartenkultur (Klöster, Burgen, Bauerngärten) verwildert.
Bestimmungstip: Die bis 3 cm lange, aus Blütenachsengewebe hervorgehende Apfelfrucht schließt sich am Vorderende nicht vollständig, sondern läßt auch zur Reifezeit immer noch die Fünfzipfligkeit des Kelches erkennen.
Gartentip: Kulturgeschichtlich interessantes Obstgehölz. Eignet sich sehr für den gemischten Baumgarten oder als Solitärpflanze. Bevorzugt Lehmböden.

Lorbeer-Kirsche im Lebensraum

Lorbeer-Kirsche, Blütenstand

Lorbeer-Kirsche, Früchte (giftig!)

Die glänzenden Steinfrüchte der Lorbeer-Kirsche sind giftig!

Lorbeer-Kirsche, Kirschlorbeer

Prunus laurocerasus
Rosengewächse

Aussehen: Immergrüner Zierstrauch mit aufrechten, kräftigen Ästen und Zweigen, 1-5 m.
Die gestielten Blätter sind breit-lanzettlich, glattrandig oder höchstens unauffällig gewellt, oberseits glänzend dunkelgrün, unterseits heller mattgrün, beidseits kahl, lederig und fest, 5-15 cm lang. Blattränder häufig leicht umgebogen oder eingerollt. Mittelrippe sehr ausgeprägt und kräftig.
Blüten zahlreich in aufrechten, bis 10 cm langen Trauben. Kronblätter um 3 mm lang, reinweiß, etwa so lang wie der Kelchbecher.
Steinfrucht kugelig, erbsengroß, schwarz. **Giftig!**
Blütezeit: IV–V, häufig noch einmal IX–X. Fruchtreife ab VII.
Vorkommen: Im Unterwuchs lichter Laubwälder und Gebüsche felsiger Hänge, von Südwesteuropa bis Kleinasien. In Süddeutschland stellenweise verwildert.
Bestimmungstip: Die lorbeerähnlichen Blätter sind dicker und am Rande weniger gewellt als beim Echten Lorbeer. Die Blätter riechen beim Zerreiben nicht würzig, sondern nach Bittermandelaroma. Außerdem sind die aufrechten Blüten- und Fruchtstände eindeutig artkennzeichnend.
Gartentip: Seit langem als Ziergehölz gepflanzt. Wirkt einzeln sehr dekorativ, in Reihen oder als Hecke sehr düster.
Wert für die heimische Tierwelt von untergeordneter Bedeutung. Für Halbschatten und Schatten geeignet.

Englischer Ginster, Blüten

Deutscher Ginster, blühend

Viele Ginster-Arten sind Charakterpflanzen der Heidegebiete im atlantischen Klimabereich. Als Wildpflanzen sieht man sie nicht allzu häufig.

Englischer Ginster

Genista anglica
Schmetterlingsblütengewächse
Aussehen: Sommergrüner, sparrig verzweigter, kleiner Wildstrauch mit stark bedornten Zweigen, bis 0,5 m. Blätter kurzgestielt, lanzettlich, blaugrün. Blüten kräftig gelb, zu mehreren in endständigen Trauben. Hülse kahl, rundlich, hellbraun, bis 2 cm lang.
Blütezeit: V–VII. Fruchtreife VIII.
Vorkommen: Heiden, Moore, lichte Eichen-, Birken- und Kiefernwälder. Im atlantischen West- und Mitteleuropa. In Deutschland nur im nördlichen Tiefland.
Bestimmungstip: Die Äste sind lang bedornt, die blaugrünen Blätter kahl.

Deutscher Ginster

Genista germanica
Schmetterlingsblütengewächse
Aussehen: Sommergrüner, stark dorniger Wildstrauch, bis 0,6 m. Blätter ebenso wie die jüngeren Zweige dicht abstehend behaart und am Rand lang bewimpert, kurzgestielt bis sitzend, schmal-lanzettlich, grasgrün. Blüten goldgelb, zahlreich in endständigen, lockeren, aufrechten Trauben.
Hülse schwarzbraun, dicht behaart, wenigsamig.
Blütezeit: V–VIII. Fruchtreife ab VII.
Vorkommen: Magerwiesen, Heiden, lichte Wälder, Wegsäume. Mittel- und Osteuropa.
Bestimmungstip: Zweige lang bedornt, Blätter abstehend behaart.
Gartentip: Nicht als Ziergehölz verwendet, für den Naturgarten jedoch empfehlenswert.

Behaarter Ginster, blühend

Färber-Ginster, blühend

Färber-Ginster, Blüten

Die Ginster-Arten zeigen einen sehr wirksamen Mechanismus, um das besuchende Insekt mit Pollen vollzustäuben: Setzt sich eine Biene oder Hummel auf die Blüte, klappt das Schiffchen (siehe Bild rechts unten) augenblicklich nach unten und pudert die Bauchseite des Gastes ein.

Behaarter Ginster

Genista pilosa
Schmetterlingsblütengewächse
Aussehen: Sommergrüner, sehr reichästiger und dicht buschiger Wildstrauch, mit liegenden und aufsteigenden Ästen, bis 0,3 m. Jüngere Zweige kantig, anliegend behaart, ältere längsstreifig und knotig.
Blätter sitzend, lanzettlichoval, entlang der Mittelrippe gefaltet, dunkelgrün. Blüten goldgelb, etwa 1 cm groß, in wenigblütigen, seitenständigen Trauben. Hülsenfrucht hellbraun, seidig, abgeflacht, gerade.
Blütezeit: V–VIII. Fruchtreife ab VII.
Vorkommen: Sonnige, trockenwarme, kalkarme Standorte im Saum von Gebüschen und Wäldern, in Heiden und Magerwiesen. Mittel-, Süd- und Südwesteuropa. Fehlt in Deutschland südlich der Donau.
Bestimmungstip: Die Äste immer unbedornt, die Blätter unterseits dicht behaart.
Gartentip: Teppichbildender Zierstrauch für sonnige Lagen.

Färber-Ginster

Genista tinctoria
Schmetterlingsblütengewächse
Aussehen: Sommergrüner, ästiger Wildstrauch mit rutenförmigen Zweigen, 0,3 –1 m.
Blätter sitzend, bis lanzettlich, seidig behaart. Blüten goldgelb, zahlreich in aufrechten, schlanken Trauben.
Blütezeit: VI–VII.
Vorkommen: Heiden, Magerwiesen, lichte Wälder.
Bestimmungstip: Zweige tief gefurcht, unbedornt.
Gartentip: Sehr dekorativ und für Insekten wertvoll.

Flügelginster, blühend

Pfriemenginster, blühend

Zur Blütezeit besteht der Pfriemenginster fast nur noch aus grünen, rutenförmigen Ästen. Seine Blätter hat er aus Gründen der Wasserökonomie schon vorzeitig abgeworfen.

Flügelginster

Genistella sagittalis

Schmetterlingsblütengewächse

Aussehen: Sommergrüner, dornenloser, teppichbildender Zwergstrauch mit kriechenden Stengeln, bis 0,25 cm. Blätter sitzend, fallen frühzeitig ab, rundlich-oval. Blüten goldgelb, zahlreich in endständigen, aufrechten Trauben. Hülsenfrucht.

Blütezeit: V–VII.

Vorkommen: Magerrasen, Trockenwiesen, Wegränder, lichte Gebüsche und Wälder. Mittel -und Südeuropa. In Deutschland bis zum Mittelrhein.

Bestimmungstip: Stengel breit geflügelt und an den Knoten eingeschnürt.

Gartentip: Teppichbildender Zwergstrauch für sonnige Standorte in Sandbodengebieten.

Pfriemenginster, Binsenginster

Spartium junceum

Schmetterlingsblütengewächse

Aussehen: Sommergrüner, reich verzweigter, buschiger Wildstrauch, 0,5 -3 m. Äste und Zweige aufrecht, rutenförmig, fein gerippt. Blätter sitzend, lanzettlich, fallen frühzeitig ab. Blüten kräftig gelb, duften sehr angenehm, in langen, vielblütigen Trauben. Hülsenfrüchte schwarzbraun.

Blütezeit: IV–VIII.

Vorkommen: Macchie und Garrigue des Mittelmeerraumes, Trockenhänge des atlantischen Westeuropas. Meist auf Kalkböden.

Bestimmungstip: Die rundlichen, fast blattlosen Zweige sind sehr reichblütig.

Gartentip: In wintermilden Gegenden als Zierstrauch für kalkhaltige Böden in sonniger Lage geeignet.

Schmalblättrige Ölweide im Fruchtschmuck

Schmalblättrige Ölweide, Blüten

Die silbrig-graugrünen Blätter der Ölweiden sind auf beiden Seiten mit wunderschönen Sternhaaren besetzt, die zu den schönsten Haarkonstruktionen im Pflanzenreich gehören. Vor allem im mikroskopischen Bild zeigen sie ihre Pracht.

Schmalblättrige Ölweide

Elaeagnus angustifolia
Ölweidengewächse
Aussehen: Sommergrüner, mittelgroßer bis großer, dicht sparrig verzweigter und bedornter Strauch oder kleiner Baum, 2-5 m (selten auch höher).
Blätter gestielt, schmal-lanzettlich, etwa 4-8 x 2 cm, vorne spitz, am Grunde keilförmig, oberseits graugrün und kahl, unterseits silbergrau und dicht mit weißlichen Sternhaaren besetzt.
Blüten sehr klein, hellgelb, duften nach Leder, zwittrig oder eingeschlechtig (männlich), einzeln oder zu wenigen in den Blattachseln im unteren Bereich der Zweige. Blütenhülle besteht nur aus gefärbten Kelchblättern.
Scheinbeere 1-2 cm lang, zylindrisch, hellgelb, mehlig, sehr aromatisch, eßbar.
Blütezeit: V–VII, Fruchtreife ab VII.
Vorkommen: Heimisch im zentralen Asien, im 17. Jahrhundert in den Mittelmeerraum eingeführt und dort heute entlang von Fließgewässern, an Seeufern, Gehölzsäumen und auf Steinhängen weit verbreitet.
Bestimmungstip: Die sehr schmalen, oberseits graugrünen Blätter und der dichte Sternhaarbesatz der Blattunterseite (Lupenmerkmal) sind unverwechselbare Kennzeichen.
Gartentip: Vielfach als Parkgehölz gepflanzt. Stellenweise auch in Mitteleuropa verwildert. Ölweiden ertragen Schnitt, werden sehr dicht und eignen sich hervorragend als Windschutz. Sie sind für Bienen und andere Hautflügler sehr ergiebige Trachtpflanzen.

Ölweidengewächse

Breitblättrige Ölweide

Während die Schmalblättrige Ölweide eher ein dekoratives Parkgehölz ist, pflanzt man ihre breitblättrige Verwandte stellenweise sehr gern als anspruchslosen Windschutz an. In Dünengebieten ist sie heute weit verbreitet.

Breitblättrige Ölweide, fruchtend

Breitblättrige Ölweide

Elaeagnus commutata
Ölweidengewächse
Aussehen: Sommergrüner, dicht verzweigter und sehr buschiger Strauch oder kleiner Baum mit braunen Zweigen und Ausläufern, 2-5 m.
Blätter breit-oval, 4-8 x 2-4 cm, oberseits graugrün, unterseits weißlich, auf beiden Seiten mit silbrigen, manchmal auch bräunlich verfärbten Sternhaaren besetzt, die auch ohne Lupe gut zu erkennen sind. Blüten zylindrisch, außen silbrig, innen goldgelb, einzeln oder zu wenigen auf kurzen Stielen in den Blattachseln, von angenehmem Duft.
Früchte trocken, silbrig.
Blütezeit: V–VII, Fruchtreife ab VIII.
Vorkommen: Heimisch in Nordamerika.
Bestimmungstip: Gelegentlich sieht man weitere, zum Teil recht ähnliche Arten mit breiten Blättern wie die **Dornige Ölweide** *(Elaeagnus pungens)*, deren Zweige im Unterschied zu den übrigen Arten stärker bedornt sind.
Gartentip: Wegen ihrer dekorativen, silbrig-grauen Blätter vielfach als Parkgehölz angepflanzt. Eignet sich im Küstengebiet hervorragend für besonders dichte Windschutzpflanzungen.
Die Blüten liefern Bienen und Hummeln wertvolle Nahrung. Das dichte Gezweig wird besonders von Singvögeln als Brut- oder Rastraum genutzt.
Ölweiden sind recht anspruchslos und für fast jeden Boden geeignet. Sie gedeihen allerdings nicht im Halbschatten oder Schatten.

Gemeiner Sanddorn, fruchtend

männliche Blütenstände

Gemeiner Sanddorn, reicher Fruchtbehang

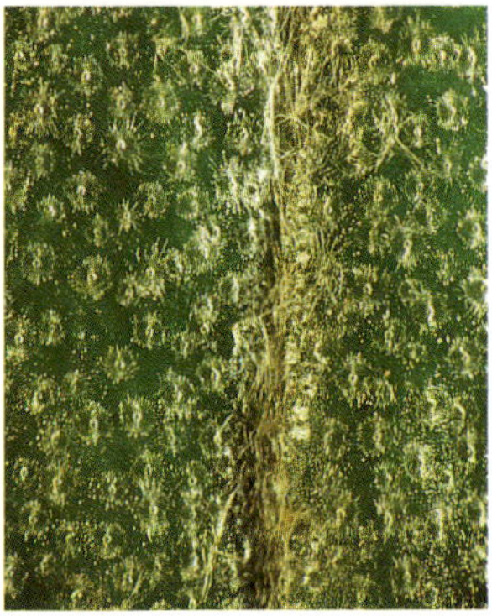
Sternhaare

Gemeiner Sanddorn

Hippophae rhamnoides
Ölweidengewächse

Aussehen: Sommergrüner, dicht verzweigter, mittelgroßer Wildstrauch, 2-3 m, seltener auch als Baum bis 6 m. Zahlreiche Kurztriebe sind in lange Dornen umgewandelt.
Blätter kurzgestielt, schmallanzettlich, bis 7 cm lang, aber höchstens 1 cm breit, am Grunde keilförmig, oberseits graugrün, unterseits silbriggrau, auf beiden Seiten mit großen Sternhaaren besetzt. Blüten zweihäusig, unauffällig, erscheinen vor dem Laubaustrieb, zu mehreren dicht gedrängt büschelig an vorjährigen Ästen.
Die große, zur Reifezeit leuchtendorangegelbe, beerenartige Frucht entwickelt sich ausnahmsweise aus dem Blütenkelch und enthält einen großen Steinsamen. Sie ist sehr vitaminreich und eßbar.
Blütezeit: IV–V, Fruchtreife ab IX.
Vorkommen: Schotterauen alpiner Fließgewässer und Felsgrushalden, Binnen- und Küstendünen (Braundüne, Dünentäler). In Europa und Vorderasien weit verbreitet.
Bestimmungstip: Die in den Alpen und des Alpenvorlandes vorkommenden Exemplare sind schwach bedornt und nur locker verzweigt. Der Küsten-Sanddorn ist dagegen kräftiger und stark bedornt.
Gartentip: Vielfach als Ziergehölz verwendet oder in Straßenbegleitpflanzungen (Autobahn).
Wertvolles Wildobst, Nist- und Nahrungsgehölz.
Benötigt einen sonnigen Standort auf Lockerböden.

Gemeiner Seidelbast, Früchte

Gemeiner Seidelbast, Blüten

Alle Teile des Seidelbastes sind sehr giftig!

Gemeiner Seidelbast im Lebensraum

Gemeiner Seidelbast

Daphne mezereum
Seidelbastgewächse

Aussehen: Sommergrüner, nur wenig verzweigter Kleinstrauch mit rutenförmigen, sehr biegsamen, aufrechten oder abstehenden Ästen und Zweigen, 0,4-1 m. Blätter an den Zweigenden auffällig büschelig gehäuft, aber wechselständig angeordnet, kurzgestielt, länglich-lanzettlich, zum Grunde hin lang keilförmig, oberseits lebhaft grün, unterseits einheitlich graugrün oder bläulich. Die Blüten entwickeln sich gewöhnlich nur aus tieferen Seitenknospen älterer Äste, stehen büschelig zusammen und erscheinen vor dem Laubaustrieb. Sie duften sehr stark und angenehm. Die Blütenkrone fehlt; stattdessen bilden nur die Kelchblätter die rosapurpurn oder karminrot gefärbte Blütenhülle. Die kugeligen, saftigen, zur Reifezeit korallenroten Steinfrüchte sind ebenso wie alle anderen Teile der Pflanze **stark giftig!**

Blütezeit: II–IV, Fruchtreife ab VI.

Vorkommen: Bevorzugt schattige oder halbschattige Gebüsche und Laubmischwälder auf wechselfeuchten Böden. In Europa weit verbreitet, vor allem in den höheren Mittelgebirgs- und Gebirgslagen. In den Alpen bis 2000 m. Fehlt im norddeutschen Tiefland. Geschützt!

Bestimmungstip: In Blüten, Blatt- und Fruchtmerkmalen unverwechselbar.

Gartentip: Trotz seiner Giftigkeit ein sehr dekoratives Gehölz. Die Blüten bieten frühe Falternahrung. Die Früchte sind für Singvögel ungefährlich. Erträgt Halbschatten.

Seidelbastgewächse

Rosmarin-Seidelbast, blühend

Lorbeer-Seidelbast, blühend

Alle Seidelbast-Arten enthalten in sämtlichen Pflanzenteilen sehr stark wirksame Gifte! Außerdem stehen alle Arten unter Naturschutz!

Rosmarin-Seidelbast

Daphne cneorum
Seidelbastgewächse
Aussehen: Immergrüner, locker verzweigter Kleinstrauch, 10-30 cm.
Blätter an den Zweigenden schopfig gehäuft, sitzend, länglich bis spatelförmig, lederig, kahl, unterseits bläulich. Blüten leuchtendrosarot, ohne Krone, zu mehreren in endständigen Köpfen.
Steinfrucht gelb oder rötlich. **Sehr giftig!** Geschützt!
Blütezeit: IV–V, Fruchtreife VIII.
Vorkommen: Gebüsche und Wälder der Alpen und südeuropäischer Gebirge.
Bestimmungstip: Beim alpin verbreiteten **Gestreiften Seidelbast** *(Daphne striata)* tragen die Blütenblätter ein feines Streifenmuster.

Lorbeer-Seidelbast

Daphne laureola
Seidelbastgewächse
Aussehen: Immergrüner, nur wenig verzweigter Kleinstrauch mit aufrechten Ästen, bis 1,2 m.
Blätter gestielt, lederig, lanzettlich, zugespitzt, kahl, oberseits mattdunkelgrün, unterseits gelblich. Blüten gelblich-grün, schwach duftend, büschelig in hängenden, kurzgestielten Trauben der oberen Blattachseln. Steinfrüchte blauschwarz.
Sehr giftig! Geschützt!
Blütezeit: II–V, Fruchtreife ab VII.
Vorkommen: Nördlich der Alpen sehr selten, in Südeuropa in lichten Mischwäldern.
Bestimmungstip: Mit anderen Seidelbast-Arten wegen der großen Blätter nicht zu verwechseln.
Gartentip: Eignet sich für halbschattige Standorte. Wertvolle Vogelnahrung.

Rostblättrige Alpenrose im Hochgebirgslebensraum

Rostblättrige Alpenrose

Rhododendron ferrugineum
Heidekrautgewächse
Aussehen: Immergrüner, reich verzweigter Kleinstrauch mit kräftigen, aufrechten Ästen und Zweigen, bis 1,3 m.
Blätter an den Zweigenden gehäuft, deutlich wechselständig, bis 12 cm lang und 4 cm breit, länglich-lanzettlich, vorne zugespitzt bis stachelspitzig, sehr lederig, am leicht umgeschlagenen Blattrand sehr fein gezähnt, oberseits glänzend dunkelgrün und unbehaart, unterseits dicht rostrot schuppenhaarig. Nicht besonders langlebig, bleiben nur etwa zwei Jahre am Strauch.
Blüten zu mehreren in kurzen, gedrängten, endständigen Trauben. Die Kronen sind tiefrosa bis kräftig rot, bis 2 cm lang und ebenso breit, trichterförmig geöffnet und auf der Innenseite kurzbehaart. Die zehn Staubblätter überragen die Krone nicht und sind am Grunde wollig behaart.
Holzige Fruchtkapsel bräunlich. Die extrem leichten Samen werden vom Wind verfrachtet. Geschützt!
Blütezeit: V–VII.
Vorkommen: Meidet kalkhaltigen Untergrund, kommt daher nur auf sauren und silikatischen Böden in lichten Gebüschen und Wäldern der Bergstufe bis 2800 m vor. Außer in den Alpen auch in Pyrenäen, Jura, Apennin und den Balkangebirgen verbreitet. Häufig bestandsbildend.
Bestimmungstip: Die charakteristisch rostroten Blätter sind unverwechselbar, kommt fast nie mit der Behaarten Alpenrose zusammen vor.
Gartentip: Nicht in Gartenkultur.

Behaarte Alpenrose im Lebensraum

Behaarte Alpenrose, Blüte

Behaarte Alpenrose, Blätter

Auf Alpenrosenblättern verursacht der Pilz *Exobasidium rhododendri* mitunter auffällige Galläpfel.

Behaarte Alpenrose

Rhododendron hirsutum
Heidekrautgewächse
Aussehen: Immergrüner, dicht verzweigter und sehr buschig erscheinender Strauch mit aufrechten, kräftigen Ästen, um 1 m. Die lederigen, gestielten, im Aussehen etwas an Lorbeer erinnernden Blätter sind wechselständig und an den Zweigenden gehäuft. Sie werden nur 3 cm lang und bis 1,5 cm breit. Oberseits sind sie glänzend hellgrün und kahl, auf der Unterseite wenig mit Schuppen besetzt und am Rande ebenso wie auf dem Blattstiel lang und etwas borstig bewimpert. Die glockig-trichterförmigen Blüten sind leuchtendhellrot, bis 1,5 cm lang und fast ebenso breit. Sie stehen an den Zweigenden in kopfig gedrängten Trauben zusammen. Die Staubblätter sind ungleich lang und am Grunde behaart.
Die Fruchtkapsel ist oval und holzig. Geschützt!
Blütezeit: V–VII, mitunter auch noch bis X.
Vorkommen: Heimisch nur in den Zentral- und Ostalpen, vor allem auf Kalkgestein in Höhen zwischen 1200 und 2600 m, im Knieholzgürtel und anderen Gebüschen im Bereich der Waldgrenze mitunter bestandsbildend, in tieferen Lagen auch in feuchten Schluchten.
Bestimmungstip: Besonders kennzeichnend ist die ausgeprägte Blattrandbewimperung.
In den Karpaten kommt die **Myrtenblättrige Alpenrose** *(Rhododendron myrtifolium)* mit kleineren, unterseits grünlich beschuppten Blättern und unbewimperten Blatträndern vor.

Pontischer Rhododendron, blühend

Pontische Azalee, blühend

Der Nektar des Pontischen Rhododendrons ist für mitteleuropäische Insekten giftig. Reine Rhododendron-Honige können auch für den Menschen unverträglich sein.

Pontische Azalee, Blüten

Pontische Azalee

Rhododendron luteum
Heidekrautgewächse
Aussehen: Sommergrüner, dicht verzweigter buschiger Mittelstrauch, bis 4 m, breitet sich erfolgreich durch Wurzelsprosse aus.
Blätter kurzgestielt, um 10 cm lang und bis 4 cm breit, länglich-lanzettlich, vorne spitz und am Grunde keilförmig. Der Blattrand ist kaum wahrnehmbar gezähnt und dicht bewimpert, oberseits und auf den Hauptnerven der Unterseite borstig behaart.
Die Blüten öffnen sich vor dem Blattaustrieb. Sie stehen endständig an den Zweigen in doldenähnlichen, dichtgedrängten Trauben. Die bis 5 cm breite, trichterförmig geöffnete Blütenkrone ist goldgelb und duftet sehr intensiv. Die fünf Staubblätter überragen die Krone.
Blütezeit: V.
Vorkommen: Nadel- und Moorwälder vom südöstlichen Mitteleuropa bis ins Schwarzmeergebiet.
Bestimmungstip: Anhand der Belaubung unterscheidet man die sommergrünen Azaleen und die immergrünen Alpenrosen (Rhododendren). Der **Pontische Rhododendron** *(Rhododendron ponticum)* ist eine immergrüne Art. Er entwickelt bis 15 cm lange, elliptische Blätter und große, fünflappige, violette Kronen. Heimisch im Kaukasus, stellenweise (vor allem in Westeuropa) aus der Gartenkultur verwildert und eingebürgert.
Gartentip: Beide benannten Arten sind die Stammformen für eine fast unübersehbare Anzahl von Hybriden und Sorten.
Erträgt Halbschatten.

Zwergalpenrose, blühend

Zwergalpenrose

Rhodothamnus chamaecistus
Heidekrautgewächse
Aussehen: Immergrüner, reich verzweigter, buschiger Zwergstrauch, bis 40 cm. Die nur etwa 10 x 3 mm großen Blätter sind sehr kurzgestielt bis sitzend, an den Zweigenden gehäuft, lederig, spitz-oval, beidseits glänzend dunkelgrün und am Rande abstehend borstig bewimpert. Die Blüten sind langgestielt, bis 3 cm breit und damit im Vergleich zur Größe dieses Zwerggehölzes ungewöhnlich üppig. Ihre Kronen sind auffallend hellrosa mit dunkleren Strichen und Flecken, die Kronzipfel radförmig ausgebreitet. Sie entwickeln sich immer auf vorjährigen Trieben. Kapselfrucht mit zahlreichen, sehr leichten Samen. Geschützt!
Blütezeit: V–VII.
Vorkommen: Steinige Hänge, Schutthalden und Felsspalten in Kalkgestein. Ostalpen (Österreich) und Karawanken.
Bestimmungstip: Nahe verwandt ist die **Alpenheide** *(Loiseleuria procumbens).* Sie bildet als sommergrüner Spalierstrauch ausgedehnte, sehr flache und dichte Teppiche. Ihre Blätter sind kurzgestielt, kahl und glänzend dunkelgrün. Die rosaroten, fünfzähligen Blüten sind bis knapp 1 cm breit und entwickeln sich in wenigblütigen Trauben an den Zweigenden. In den Alpen oberhalb des Legföhrengürtels bis in 3000 m auf Urgestein, außerdem auch in den Karpaten, den Tundrengebieten Skandinaviens, Island und Grönland.
Gartentip: Für die Gartenkultur ungeeignet.

Rosmarinheide, blühend

Rosmarinheide, Polei-Gränke

Andromeda polifolia
Heidekrautgewächse
Aussehen: Immergrüner, nur spärlich verzweigter Zwergstrauch mit weit kriechender, an den Knoten mehrfach wurzelnder Sproßachse und dünnen, bogig aufsteigenden Zweigen, 20-40 cm.
Blätter kurzgestielt , sehr lederig, meist aufwärts gerichtet, linealisch bis schmal-lanzettlich, an beiden Enden verschmälert, mit kurzer Stachelspitze, Blattränder nach unten eingerollt, oberseits meist glänzend dunkelgrün, mit eingesenktem Mittelnerv und kahl, unterseits sehr fein behaart, mit stark hervortretendem Hauptnerv bläulichgrün. Blüten fünfzählig, auf kräftig rötlichen, gebogenen, bis 1,5 cm langen Blütenstielen. Kelchblätter sehr klein und kräftig rötlich; Kronen rundlich-krugförmig, bis 8 mm lang, hellrosa bis weißlich und an der Öffnung von kleinen, zurückgebogenen Zipfeln begrenzt. Kapselfrucht unauffällig bräunlich.
Blütezeit: V–VI.
Vorkommen: Bevorzugt sehr nasse, saure, torfige Standorte, vor allem Hoch- und Zwischenmoore. In den Mooren Nord- und Mitteleuropas weit verbreitet, in den alpinen Moorvorkommen spärlicher. Geschützte und im Bestand bedrohte Art!
Bestimmungstip: Die Pflanze wird auch Lavendelheide, Gränke, Torfrosmarin oder Torfmyrte genannt.
Kennzeichnend sind die länglichen Rollblätter.
Gartentip: Für die Gartenkultur nicht geeignet.

Alpen-Bärentraube, Herbstaspekt

Echte Bärentraube, Blüten

Für die kurze Zeit zwischen Laubfall und Wintereinzug bilden die Teppiche der Alpen-Bärentraube im Hochgebirge unglaubliche Farbspektakel. Die großen Temperaturunterschiede zwischen Tag und Nacht beeinflussen die Farbsättigung.

Echte Bärentraube, Früchte

Alpen-Bärentraube

Arctostaphylos alpina
Heidekrautgewächse
Aussehen: Sommergrüner, kriechender und ausgedehnte Teppiche bildender Zwerg- und Spalierstrauch. Blätter oval, am Grunde keilförmig, 2-5 cm lang, beidseits netznervig. Blüten grünlich-weiß oder rötlich. Beerenfrucht erst rot, zuletzt schwarz, ungenießbar.
Blütezeit: V–VI. Fruchtreife ab IX.
Vorkommen: In arktischen und alpinen Zwergstrauchheiden.
Bestimmungstip: Auf die beidseitig sichtbare Nervatur achten.
Bildet äußerst prächtige Herbstfarben.

Echte Bärentraube

Arctostaphylos uva-ursi
Heidekrautgewächse
Aussehen: Immergrüner, sehr dicht verzweigter Zwerg- oder Spalierstrauch mit liegenden, teppichbildenden Zweigen.
Blätter dicklich und sehr fest, sitzend oder kurzgestielt, oval, stumpf gerundet oder ein wenig ausgerandet, oberseits glänzend, unterseits deutlich netznervig.
Blüten fünfzählig, kurzgestielt, mit krugförmiger, weißlicher, grünlicher oder leicht rötlicher Krone.
Beerenfrucht, ungenießbar.
Blütezeit: III–VI.
Vorkommen: Zwergstrauchheiden der arktischen Tundra und der Alpen.
Bestimmungstip: Die Netznervatur der Blattunterseite unterscheidet die Pflanze von der ähnlich aussehenden Preiselbeere.
Gartentip: Bodendecker für Alpengärten.
Benötigt einen sonnigen Standort.

Irische Heide, blühend

Irische Heide, große Glockenblüte

Diese besonders schmucke Pflanze aus den Heidegebieten des äußersten atlantischen Westeuropas trägt sehr auffällige, hängende Blütenkronen von Kruggestalt. Diese werden vor allem von Hummeln besucht.

Irische Heide, Glanzheide

Daboecia cantabrica
Heidekrautgewächse
Aussehen: Immergrüner, sparrig verzweigter, aber offener Zwergstrauch mit aufrechten oder aufsteigenden Zweigen, um 30 cm.
Die Blätter stehen dicht wechselständig (manchmal auch angenähert gegenständig) und sind kurzgestielt. Sie sind an der gleichen Pflanze sehr unterschiedlich groß, schmal-linealisch bis lanzettlich, auf der Oberseite dunkelgrün und rauh, auf der Unterseite weißlich behaart. Die Blattränder werden wie bei vielen Zwergsträuchern der Heidekrautgewächse nach unten eingerollt. Dadurch entsteht auf der Blattunterseite ein windberuhigter Raum, der offenbar als Verdunstungsschutz dient.
Die Blüten sind vierzählig und stehen in wenigblütigen, lockeren Trauben an den Zweigenden. Die Kronen sind länglich krugförmig-glockig, bis 1,5 cm lang und kräftig purpurrosa gefärbt, wobei sich die kurzen Kronzipfel farblich nicht besonders abheben. Kapselfrucht unauffällig bräunlich.
Blütezeit: VII–IX.
Vorkommen: In der Natur nimmt die Glanzheide nur ein sehr kleines Verbreitungsgebiet ein: Sie kommt nur in den küstennahen Heiden von Nordportugal, Nordspanien, der Bretagne bis Westirland vor.
Bestimmungstip: Die Blütenstände sind mit keiner anderen Art zu verwechseln.
Gartentip: Irische Heide ist in mehreren Sorten für Heidegärten im Angebot, sie ist allerdings nur bedingt winterfest.

Sumpf-Porst im Lebensraum

Sumpf-Porst, Blütenstände

Den stark aromatisch duftenden Sumpf-Porst verwendete man früher anstelle von Hopfen zum Aromatisieren von Bier – mit verheerender Wirkung, denn alle Teile der schmucken Pflanze sind leicht giftig.

Sumpf-Porst

Ledum palustre
Heidekrautgewächse
Aussehen: Immergrüner, meist stärker verzweigter und ansatzweise wirteliger Wildstrauch mit aufrechten Ästen und Zweigen, 1-1,5 m, einzeln oder gesellig in größeren Beständen. Junge Triebe filzig rostrot behaart. Blätter gestielt, lederig, lanzettlich oder linealisch, bis 4 cm lang und etwa 1 cm breit, oberseits mattolivgrün, unterseits rostrot, wollig-filzig, Blattränder auffallend eingerollt.
Die Blüten stehen zahlreich in endständigen, aufrechten, kopfig zusammengezogenen Trauben. Die fünfzähligen, sternförmig ausgebreiteten Kronen der Einzelblüten sind reinweiß, bis 1,5 cm breit und werden von den weißen Staubblättern überragt. Kapselfrüchte unauffällig bräunlich. Alle Teile der Pflanze duften beim Abstreifen oder Zerreiben sehr stark aromatisch und sind **leicht giftig!** Geschützt.
Blütezeit: V–VI.
Vorkommen: Bevorzugt Hoch-, Übergangs- und Waldmoore. Im südlichen Mitteleuropa ausgestorben, in Norddeutschland vereinzelt, in Skandinavien stellenweise häufig und bestandsbildend.
Bestimmungstip: Der im Gartenfachhandel angebotene **Labrador-Porst** *(Ledum groenlandicum)* ist sehr ähnlich. Seine Blätter sind ungefähr doppelt so lang wie breit und damit ovaler als beim heimischen Sumpf-Porst.
Gartentip: Gartenkultur schwierig und ökologisch nicht vertretbar, weil dazu Torfboden benötigt wird. Wertvoller Nektarspender.

Heidelbeere im Herbstaspekt

Heidelbeere, Blüten

Heidelbeere, Früchte

Heidelbeere, Blaubeere, Bickbeere

Vaccinium myrtillus
Heidekrautgewächse
Aussehen: Sommergrüner, meist reich verzweigter und dichtblättriger Kleinstrauch, bis 50 cm. Die Äste sind nur an der Basis stärker verholzt. Die Zweige sind sehr fest, biegsam, kantig und grün. Blätter kurzgestielt, 2-3 cm lang, länglich-oval, vorne zugespitzt und am Grunde gerundet, am Rande fein gesägt, matthellgrün. Im Herbst prächtig goldgelb bis karminrot. Blüten mit krugförmig-glockiger Krone, grünlich-weiß oder kräftiger rot, einzeln oder zu zweit in den Blattachseln, besonders im Bereich der Zweigenden. Beerenfrucht sehr saftig, blauschwarz, heller bereift. Eßbar.
Blütezeit: V–VI, Fruchtreife ab VII.
Vorkommen: Vom Tiefland bis ins Gebirge, vor allem in lichten Nadelbeständen auf sauren, lockeren Böden, in Moor- und Heidegebieten sowie in den Zwergstrauchgesellschaften der Hochgebirgsregion und der Arktis.
Bestimmungstip: Die kantigen, grünen Zweige und die hellgrünen, nicht lederigen oder starren Blätter sind unverkennbar.
Gartentip: Heidelbeersträucher eignen sich gut für halbschattige Stellen im Garten. Die Früchte sind auch bei Singvögeln und Kleinsäugern sehr beliebt. Für die Gartenkultur wird auch die aus Nordamerika stammende, nahverwandte, bis 2 m hohe **Strauch-Heidelbeere** *(Vaccinium corymbosum)* angeboten.

Moorbeere, Blüten

Preiselbeere, Blüten

Moorbeere, Früchte

Preiselbeere, Früchte

Moorbeere, Rauschbeere
Vaccinium uliginosum
Heidekrautgewächse
Aussehen: Sommergrüner Zwergstrauch, bis 75 cm. Blätter gestielt, länglich-oval, rundlich, bis 2,5 cm lang, oberseits mattgrün, unterseits blaugrün.
Blüten mit krugförmigen, am Grunde rötlichen Kronen.
Beerenfrucht bis 1 cm groß, kugelig, mit farblosem Saft, blaubereift. Eßbar.
Blütezeit: V–VII, Fruchtreife ab VIII.
Vorkommen: In Hochmooren, Moorwäldern, Nadelholzbeständen und Zwergstrauchheiden der Hochgebirge. In Nord- und Mitteleuropa weit verbreitet.
Bestimmungstip: Von der Heidelbeere durch die rundlichen, braunen Zweige unterschieden.
Gartentip: Für die Gartenkultur wenig geeignet.

Preiselbeere, Kronsbeere
Vaccinium vitis-idaea
Heidekrautgewächse
Aussehen: Immergrüner Zwergstrauch, bis 30 cm. Blätter kurzgestielt, bis 2 cm lang, elliptisch bis oval. Blüten in hängenden Trauben, mit krugförmiger, rosa überlaufener Krone.
Beerenfrucht kugelig, bis 1 cm groß, anfangs weißlich, zuletzt scharlachrot. Eßbar.
Blütezeit: V–VII, Fruchtreife ab VIII.
Vorkommen: Moorränder, lichte Nadelwälder und Zwergstrauchheiden der Hochgebirge.
Bestimmungstip: Die Blätter der ähnlichen Bärentraube sind unterseits deutlich netznervig.
Gartentip: Preiselbeeren benötigen einen lichten Standort.

Moosbeere, Früchte

Moosbeere, Einzelblüten

Moosbeeren gehören zu den kleinsten heimischen Sträuchern. Ihre fadendünnen Zweige fallen nur auf, wenn sich daran die unverhältnismäßig großen Beerenfrüchte entwickeln. Die Pflanze ist stark gefährdet.

Moosbeere

Oxycoccus palustris
Heidekrautgewächse
Aussehen: Immergrüner, liegender und kriechender Zwergstrauch mit fadendünnen Stämmchen und davon aufsteigenden, sehr dünnen Ästen, bis 80 cm lang.
Blätter kurzgestielt , länglich-oval, zugespitzt, auf der Oberseite dunkelgrün und glänzend, auf der Unterseite blaugrün bereift, nur etwa 5 x 10 mm groß.
Die Blüten stehen einzeln oder zu 4-5 in lockeren, endständigen Trauben. Sie sind vierzählig, blaßrosa oder kräftiger rötlich und tragen die bis zum Grunde freien Kronzipfel weit zurückgeschlagen.
Die Frucht ist eine im Vergleich zur Pflanze recht große, bis 1 cm Durchmesser erreichende gelb- oder hochrote, saftige Beere. Eßbar.
Blütezeit: V–VII, Fruchtreife ab VIII.
Vorkommen: Nur in Hochmooren an den nassesten Stellen auf Torfmoospolstern. Weit verbreitet, aber selten, von der Niederungslandschaft bis in 1300 m Höhe im Gebirge.
Bestimmungstip: Die Moosbeere ist mit keinem anderen Zwergstrauch zu verwechseln. Die kugeligen und sehr einladend aussehenden Früchte schmecken ziemlich sauer. Vor allem in Skandinavien wurden sie gesammelt und gegessen.
Da bei der Ernte der unbedingt schützenswerte Lebensraum Torfmoor großflächig gestört wird, sollte man davon absehen.
Gartentip: Für die Gartenkultur ungeeignet.

Faulbaum, Blüten

Faulbaum, Früchte in verschiedenen Reifestadien (giftig!)

Der Faulbaum gilt als Nässezeiger. Seine Früchte sind giftig! Auch die medizinisch sehr wertvolle Rinde darf man nicht selbständig verwenden. Für die heimische Tierwelt ist der Strauch besonders wertvoll.

Faulbaum

Frangula alnus
Kreuzdorngewächse
Aussehen: Sommergrüner, meist etwas schlankwüchsiger, dornenloser Mittelstrauch oder kleiner Baum mit braunroter, warzig punktierter Rinde an Zweigen und Ästen und graubrauner, etwas längsrissiger Borke am Stamm, 2-6 m. Blätter ganzrandig, gestielt, oval, im vorderen Drittel am breitesten.
Blüten unscheinbar, grünlich-weiß, einzeln oder zu wenigen in den Blattachseln.
Die kugeligen Steinfrüchte sind zunächst grün, färben dann über verschiedene Gelbstufen nach Rot um und werden zuletzt mattglänzend schwarz. **Giftig!**
Blütezeit: V–VI, Fruchtreife ab VIII.
Vorkommen: Waldwege und Gehölzsäume, Auengebüsche und Nadelmischbestände, bevorzugt auf staunassen, sauren Böden. In Europa weit verbreitet, vom Tiefland bis 1500 m im Gebirge.
Bestimmungstip: Im Unterschied zum ähnlich aussehenden Purgier-Kreuzdorn *(Rhamnus cathartica)* sind die Blätter glattrandig und die Zweige immer dornenlos. Außerdem zeigen die Faulbaumblätter immer mehr als fünf Seitennervenpaare.
Gartentip: Wertvoller Wildstrauch. Die Blätter sind unter anderem die Nahrung der Raupen von Zitronenfalter und Faulbaumbläuling, die nektarreichen Blüte ernähren Bienen, Fliegen und Käfer, die reifen Steinfrüchte vor allem Drosseln und andere fruchtverzehrende Singvögel. Erträgt Halbschatten.

Perückenstrauch, fruchtend

Perückenstrauch, blühend

Perückenstrauch, Herbstaspekt

Perückenstrauch

Cotinus coggygria
Sumachgewächse
Aussehen: Sommergrüner, reich verzweigter Mittelstrauch mit ausgebreiteten Ästen und Zweigen, 2-5 m. Blätter langgestielt , breitoval bis rundlich-elliptisch, 3-7 cm lang und bis 6 cm breit, vorne stumpf, rundlich oder leicht ausgerandet, dünn, oberseits hell- oder kräftig grün, unterseits bläulich, beidseits kahl. Die gelblich-weißen Blüten sind fünfzählig, klein, unscheinbar und zu einem großen Teil steril. Sie sind sehr zahlreich zu lockeren, bis 20 cm langen und endständigen Rispen angeordnet. Bis zur Reifezeit im Herbst strecken sich die Blütenstiele und entwickeln einen dichten Besatz mit fiederigen Haaren, die dem Fruchtstand das Aussehen einer Perücke verleihen. Dabei verfärben sie sich rötlich bis purpurrot.
Blütezeit: V–VII, Fruchtreife ab X.
Vorkommen: Im östlichen Mittelmeergebiet von der Balkanhalbinsel über Vorderasien bis nach Zentralchina, meist in lichten, wärmeliebenden, besonnten Gebüschen und Wäldern auf kalkhaltigem Gestein.
Bestimmungstip: Die eigenartigen, zur Reifezeit hin beträchtlich vergrößerten Fruchtstände sind unverwechselbar.
Gartentip: Häufig als Ziergehölz verwendet. Lichtliebendes Gehölz, auch in Mitteleuropa (weitgehend) winterfest. Bringt eine auffallend karminrote Herbstfärbung zustande.
Der Nutzen für die heimische Tierwelt ist von untergeordneter Bedeutung.

Kreuzblumengewächse/Gänsefußgewächse

Alpen-Zwergbuchs, blühend

Keilmelde am Prielrand

Keilmelde, blühend

Keilmelden sind die einzigen meerwasserverträglichen Halbsträucher der heimischen Flora. Ihre Bestände erinnern an die ungleich höherwüchsigen Mangroven (Gezeitenwälder) tropischer Küsten.

Alpen-Zwergbuchs, Buchs-Kreuzblume

Polygala chamaebuxus
Kreuzblumengewächse
Aussehen: Immergrüner, liegender, reichverzweigter Halbstrauch, einzeln oder in kleineren Gruppen, bis 0,3 m. Blätter lederig, kurzgestielt, elliptisch bis lanzettlich.
Blüten einzeln oder zu zweit in den Blattachseln oder an den Zweigenden. Kelchblätter flügelartig, cremeweiß oder gelblich. Kronblätter variabel gelblich oder rosarot.
Blütezeit: III–V.
Vorkommen: Legföhrenbestände, trockene Bergwälder, steinige Matten oder Felsschuttfluren, oft zusammen mit der Schnee-Heide.
Bestimmungstip: Die Blüten ähneln einer weit geöffneten Schmetterlingsblüte.
Gartentip: Für sonnige, trockene Stein- und Alpengärten.

Keilmelde, Strand-Salzmelde

Halimione portulacoides
Gänsefußgewächse
Aussehen: Immergrüner, sehr buschiger Halbstrauch mit aufsteigenden Ästen, bis 0,5 m. Blätter unten angenähert gegenständig, oben wechselständig, eiförmig, dicklich, graugrün, kurzgestielt. Blüten klein, gelblichgrün, in achsel- und endständigen Trauben.
Blütezeit: VII–IX.
Vorkommen: Salzige Schlickböden, Salzwiesen der Küste, häufig an Prielrändern.
Bestimmungstip: Bei der ähnlichen **Stielfrüchtigen Keilmelde** *(Halimione pedunculata)* sind alle Stengel krautig.
Gartentip: Für die Gartenkultur ungeeignet.

Ohr-Weide kurz vor Blühbeginn

Purpur-Weide, männliche Kätzchen

Ohr-Weide im Laubaustrieb

Purpur-Weide, Freisetzung der Flugsamen

Ohr-Weide

Salix aurita
Weidengewächse
Aussehen: Sommergrüner, sparrig verzweigter, ziemlich gedrungen erscheinender Strauch mit aufrechten Ästen, bis 2 m.
Blätter mit 1 cm langem Stiel, oval, in der Vorderhälfte am breitesten, mit schlanker, zur Seite gedrehter oder zurückgebogener Spitze, beidseits behaart. Blüten getrenntgeschlechtig, erscheinen vor den Blättern in Kätzchen, 0,5-3 cm lang.
Blütezeit: III–V.
Vorkommen: Ufer, Grabenränder, Naßwiesen, Niedermoore, in Europa weit verbreitet
Bestimmungstip: Besonders kennzeichnend sind die namengebenden, großen, ohrenförmigen Nebenblätter.
Gartentip: Eignet sich für Naßböden an Gartengewässern.

Purpur-Weide

Salix purpurea
Weidengewächse
Aussehen: Sommergrüner, sehr buschiger Großstrauch, bis 6 m, seltener auch kleiner Baum.
Blätter lanzettlich, bis 10mal so lang wie breit, breiteste Stelle oberhalb der Mitte. Blüten in eingeschlechtigen Kätzchen, um 5 cm lang, öffnen sich vor dem Laubaustrieb.
Blütezeit: III–IV.
Vorkommen: Entlang von Gewässern, in Auengehölzen, in Europa weit verbreitet, fehlt in Skandinavien.
Bestimmungstip: Die kahlen, leicht glänzenden Zweige sind auf der Lichtseite meist purpurrot.
Gartentip: Für Randbepflanzung größerer Gartengewässer geeignet.

Sal-Weide, männliche Kätzchen

Grau-Weide, männliche Kätzchen

Sal-Weide, weibliche Kätzchen

Grau-Weide, weibliche Kätzchen

Sal-Weide, Palm-Weide

Salix caprea

Weidengewächse

Aussehen: Sommergrüner, meist locker verzweigter Großstrauch bis 3 m oder kleiner Baum. Blätter mit 1-2 cm langem Stiel, oval, am Grunde abgerundet oder schwach herzförmig, unterseits dicht flaumhaarig. Blüten eingeschlechtig (zweihäusig) in Kätzchen, öffnen sich lange vor dem Laubaustrieb, bis 3 cm lang.
Blütezeit: III–V, Fruchtreife ab V.
Vorkommen: Weit verbreitet in Schlagfluren, an Waldrändern auf Brachland. Pioniergehölz in aufgelassenen Kiesgruben und Steinbrüchen.
Bestimmungstip: Die ovalen Blätter sind in der unteren Hälfte am breitesten.
Gartentip: Bevorzugt feuchte, lehmige, nährstoffreiche Böden. Gedeiht auch im Halbschatten.

Grau-Weide

Salix cinerea

Weidengewächse

Aussehen: Sommergrüner, dickästiger, sparrig verzweigter Mittelstrauch bis 3 m oder kleiner Baum. Blätter kurzgestielt , länglich-oval, anfangs stark graufilzig, später verkahlend, oberseits graugrün, unterseits bläulich. Blüten in aufrechten, bis 5 cm (männlich) bzw. 9 cm (weiblich) langen Kätzchen.
Blütezeit: III–IV.
Vorkommen: An Gräben, in Quellsümpfen und Erlenbrüchern, häufig von der Ebene bis ins Gebirge.
Bestimmungstip: Die einjährigen Zweige sind dicht graufilzig. Bildet mit anderen Arten Bastarde.
Gartentip: Bevorzugt sandig-kiesige Böden.

Weidengewächse

Mandel-Weide, männliche Kätzchen

Die gewässerbegleitenden Schmalblatt-Weiden sind gewöhnlich sehr schwer zu bestimmen. Hinzu kommt, daß sie untereinander vielfach bastardieren und unübersichtliche mischerbige Formenschwärme bilden.

Lavendel-Weide im Lebensraum

Mandel-Weide

Salix triandra

Weidengewächse

Aussehen: Sommergrüner, dicht verzweigter und oft halbkugelig erscheinender Großstrauch, bis 4 m, gelegentlich auch kleiner Baum. Blätter gestielt, länglich-elliptisch, breiteste Stelle in der Mitte, am Rande sehr fein gezähnt, oberseits glänzend dunkelgrün, unterseits bläulich-grün. Blüten in eingeschlechtigen Kätzchen, 6-8 cm lang, erscheinen mit dem Laubaustrieb.

Blütezeit: IV–V.

Vorkommen: Ziemlich häufig an Bach- und Flußufern (Strauchweidenaue), von der Ebene bis ins Hochgebirge.

Bestimmungstip: Männliche Blüten nur mit drei Staubblättern (bei anderen Arten fünf oder mehr).

Gartentip: Für Randbepflanzung von Gartengewässern empfehlenswert.

Lavendel-Weide

Salix elaeagnos

Weidengewächse

Aussehen: Sommergrüner Großstrauch, 3-6 m. Blätter kurzgestielt, schmallanzettlich oder linealisch, anfangs auf beiden Seiten dicht weißfilzig, später kahl. Blattrand nach unten eingerollt. Blüten eingeschlechtig (zweihäusig) in Kätzchen.

Blütezeit: IV–V.

Vorkommen: Meist in kleinen Beständen auf Schotter- und Kiesschwemmböden alpiner Flüsse, im Oberrheingebiet nur bis Karlsruhe. Auch in den übrigen europäischen Hochgebirgen.

Bestimmungstip: Die Blätter sind auffallend schlank.

Gartentip: Für Randbepflanzung von Gartengewässern geeignet.

Kraut-Weide im Bestand

Netz-Weide im Bestand

Diese kleinen Weiden-Arten gehören zu den eindrucksvollsten teppichbildenden Spaliersträuchern der europäischen Hochgebirge. Mitunter werden sie nicht einmal streichholzhoch.

Kraut-Weide, Zwerg-Weide

Salix herbacea
Weidengewächse
Aussehen: Sommergrüner Spalierstrauch mit kriechendem, meist unterirdischem Stämmchen, 2-5 cm. Blätter gestielt, fast kreisrund oder oval, beidseits glänzend mittelgrün. Blüten erscheinen mit oder nach den Blättern. Männliche Kätzchen kugelig, um 5 mm groß, weibliche Kätzchen kopfig, wenigblütig und bis 1 cm lang.
Blütezeit: VI–VIII.
Vorkommen: Hochgebirge oberhalb der Waldgrenze bis etwa 3000 m auf sickerfeuchten, kalkfreien Böden.
Bestimmungstip: Netznervatur tritt auf der Blattunterseite deutlich hervor.

Netz-Weide

Salix reticulata
Weidengewächse
Aussehen: Sommergrüner Spalierstrauch mit liegenden Ästen, die dem Boden aufliegen und Wurzeln treiben, um 5 cm. Blätter gestielt, rundlich, vorne leicht ausgerandet, oberseits dunkelgrün und auffällig runzlig, unterseits graugrün, mit stark vortretendem Adernetz und lang behaart. Blüten in dichten, eingeschlechtigen Kätzchen, bis 3 cm lang, purpurfarben.
Blütezeit: VII–VIII.
Vorkommen: Hochgebirge oberhalb der Waldgrenze bis 2800 m, auch zwischen Legföhren und Alpenrosen. Alpen, Pyrenäen, im Jura und in Schottland.
Bestimmungstip: Sehr typisch ist das auffällig eingesenkte Adernetz der runzligen Laubblätter.
Gartentip: Ebenso wie die Kraut-Weide für die Gartenkultur ungeeignet.

Weidengewächse

Sand-Weide, fruchtend

Sand-Weide, männliche Kätzchen

Kriech-Weide, blühender Bestand

Kriech-Weide, weibliches Kätzchen

Sand-Weide

Salix arenaria
Weidengewächse
Aussehen: Sommergrüner, buschig verzweigter Strauch mit kriechendem, großenteils unterirdischem Stamm, bis 1 m. Blätter kurzgestielt, elliptisch, kurz zugespitzt, mit 5-8 Seitennervenpaaren, auf beiden Seiten anliegend behaart und seidig glänzend. Blütenkätzchen erscheinen kurz vor dem Laubaustrieb, männliche Kätzchen um 1 cm lang, weibliche bis 3,5 cm.
Blütezeit: IV–V.
Vorkommen: In Niedermooren, Naßwiesen, Staudenfluren und Sanddünen außerhalb des Berglandes.
Bestimmungstip: Die sehr ähnliche Kriech-Weide hat Blätter mit 4-6 Seitennervenpaaren.
Gartentip: Eignet sich für Windschutzpflanzungen.

Kriech-Weide

Salix repens
Weidengewächse
Aussehen: Sommergrüner, dichtbuschiger Kleinstrauch mit kriechendem Stamm und liegenden oder aufsteigenden Ästen, bis 1 m. Blätter kurzgestielt, elliptisch oder lanzettlich, mit 4-6 Seitennerven, graugrün, Blüten in Kätzchen, öffnen sich kurz vor dem Laubaustrieb, männliche bis 1,5 cm lang, weibliche um 1 cm.
Blütezeit: IV–V.
Vorkommen: Niedermoore, Naß- und Magerwiesen, Küstendünen. In Europa weit verbreitet.
Bestimmungstip: An der Ostseeküste vorkommende Exemplare mit schmaleren Blättern werden manchmal als eigene Art, **Rosmarin-Weide** *(Salix rosmarinifolia),* abgetrennt.

Gemeiner Bocksdorn, Blüte und Frucht (giftig!)

Gemeiner Bocksdorn, blühend

In der Mitte der Bocksdornblüte stehen die fünf Staubblätter eng zusammen und bilden einen Streukegel, den Besucherinsekten nur mühsam öffnen können.
Alle Pflanzenteile sind giftig.

Gemeiner Bocksdorn

Lycium barbarum
Nachtschattengewächse

Aussehen: Sommergrüner, bedornter, mittelgroßer Strauch, 1-3 m. Zweige aufrecht, später auch überhängend, rutenförmig, längsrinnig, mit seitlichen, häufig verdornten Kurztrieben. Blätter wechselständig und an den belaubten Kurztrieben büschelig gehäuft, schmal-elliptisch, anfangs behaart, später kahl, gestielt, zugespitzt, beidseitig graugrün, in Größe und Gestalt selbst am gleichen Zweig sehr variabel. Blüten einzeln oder zu wenigen in den Blattachseln, langgestielt. Krone hell- bis rotviolett (nach der Bestäubung häufig gelblich), trichterförmig, mit engem Grund und fünf ausgebreiteten Zipfeln. Staubblätter weiß, ragen weit aus der Krone hervor. Beerenfrucht elliptisch, 1-2 cm lang, zur Reifezeit glänzend rot, **giftig!**

Blütezeit: VIII–X, Fruchtreife ab IX.

Vorkommen: Stammt aus China, im frühen 18. Jahrhundert nach Süd- bzw. Mitteleuropa eingeführt und seither verwildert, an Mauern, auf Ruinengelände oder Schuttstellen. Gerne in Siedlungsnähe.

Bestimmungstip: Die besonders kontrastreich gefärbten Blüten an den langen dünnen Rutenzweigen sind unverwechselbar.

Gartentip: Der Bocksdorn sieht im Blüten- und Fruchtschmuck sehr dekorativ aus und sollte häufiger verwendet werden.

Von den Blättern ernährt sich die Raupe des Totenkopfschwärmers.
Bevorzugt trockene, sonnige Standorte.

Mäusedorn im Fruchtschmuck

Mäusedorn, Einzelblüten

Die blattartigen und unverschämt spitzen Blattgebilde dieser Pflanze sind in Wirklichkeit abgeflachte Stengelstücke. Die eigentlichen Blätter sind schuppenförmig klein.

Mäusedorn

Ruscus aculeatus
Liliengewächse
Aussehen: Immergrüner, dichter, reich verzweigter Kleinstrauch mit starren aufrechten Ästen, um 1 m. Die dunkelgrünen, wie normale Laubblätter aussehenden Organe an den Ästen sind sehr stark abgeflachte und verbreiterte, zweizeilig in einer Ebene angeordnete und dabei unangenehm stachelspitzige Seitenzweige (Flachsprosse oder Phyllokladien). Sie entwickeln sich in der Achsel der eigentlichen, in diesem Fall aber schuppenförmig vereinfachten und sehr winzigen Blätter. Die eingeschlechtigen, um 2 mm breiten Blüten sind zweihäusig verteilt. Sie stehen einzeln in der Achsel winziger Schuppenblätter und scheinbar in der Mitte der blattartigen Flachsprosse. Beerenfrucht anfangs grünlich, später leuchtendkorallenrot, 1-1,5 cm Durchmesser. Ungenießbar.
Blütezeit: III–IV.
Vorkommen: In Gebüschen und lichten bis halbschattigen Wäldern der Mittelmeerregion und der Kanarischen Inseln. In Westfrankreich (Bretagne) und Teilen Großbritanniens aus der Gartenkultur verwildert und eingebürgert.
Bestimmungstip: Die stechend-spitzen Flachsprosse, die die Aufgaben normaler Laubblätter übernehmen, sind unverwechselbar. Getrocknete Exemplare werden gerne in Trockensträußen verwendet.
Gartentip: Gelegentlich auch als Ziergehölz angepflanzt.
In Mitteleuropa ist die Art nicht genügend kälte- bzw. frostbeständig.

Kennfarbe Grün

Einfache Blätter mit gekerbtem, gelapptem oder gebuchtetem Blattrand

Viele Strauchgehölze begnügen sich nicht mit dem einfachen Linienverlauf eines glatten Blattrandes, sondern haben statt dessen eine wesentlich abwechslungsreichere Randgestaltung. Von fein gezähnt und gröber gesägt über unregelmäßig gekerbt bis tief eingebuchtet bieten sie erstaunlich viele unterschiedliche Schnittmuster an. Zusammen mit den verschiedenen Ausprägungen der Blattgrundform, von langgestreckt und schmal mit parallelen Rändern bis hin zu fast kreisrund, steht eine kaum erschöpfbare Vielzahl an Möglichkeiten zur Verfügung.
Die Artenliste dieser Formengruppe ist daher besonders umfangreich.

Die Zwerg-Birke ist eine der Charakterarten der nordischen Tundra. In Mitteleuropa kann man ihre herbstliche Farbenpracht nur an Reliktstandorten erleben.

Französischer Ahorn, reife Flügelfrüchte

Französischer Ahorn

Tataren-Ahorn, reife Flügelfrüchte

Tataren-Ahorn, Herbstlaub

Französischer Ahorn

Acer monspessulanum
Ahorngewächse
Aussehen: Sommergrüner, locker verzweigter Großstrauch oder kleiner Baum, 3-6 m (selten 10 m) mit schiefstehenden Stämmen und abstehenden, krummen Ästen. Zweige fest und wenig biegsam. Die langgestielten Blätter sind in drei ungefähr gleich große Lappen geteilt, 3-6 cm lang und bis 8 cm breit, oberseits dunkelgrün und mattglänzend, unterseits heller graugrün und zerstreut behaart oder nur mit Achselbärten. Im Herbst färbt das Laub auf sehr kräftige Orange- oder Karminrottöne um. Die Blüten erscheinen mit oder kurz nach dem Laubaustrieb, sind gelblich-weiß und zu wenigen in doldigen Trauben zusammengefaßt. Die beiden am gleichen Fruchtstiel sitzenden olivbraunen oder kräftiger rötlichen Flügelfrüchte weisen abwärts und verlaufen fast parallel zueinander.
Blütezeit: IV–V, Fruchtreife ab X.
Vorkommen: Felshänge, lichte, wärmeliebende Wälder, vorzugsweise auf Kalkböden. Vor allem in Südeuropa und Westasien häufig. Die Nordgrenze seiner natürlichen Verbreitung verläuft im nördlichen Mittelrheingebiet. Man nennt ihn dort auch Burgen-Ahorn, weil er im Bereich vieler rheinischer Höhenburgen vorkommt.
Bestimmungstip: Die regelmäßigen dreilappigen Blätter sind unverwechselbar.
Gartentip: Dekoratives Park- und Gartengehölz für wintermilde, sonnige oder halbschattige Lagen. Erträgt auch Rückschnitt.

Feld-Ahorn im Lebensraum

Feld-Ahorn, Herbstlaub

Die drei auf diesen Seiten vorgestellten Ahorn-Arten zeigen die große Formenvielfalt der Blattgestalten bei dieser Gehölzgattung. Während der Tataren-Ahorn länglich-ovale Blätter entwickelt, zeigt der Französische Ahorn sehr regelmäßig dreilappige Blätter. Beim Feld-Ahorn sind die Blattspreiten stärker gegliedert als bei den meisten übrigen Arten.

Tataren-Ahorn

Acer tataricum
Ahorngewächse
Aussehen: Sommergrüner, gewöhnlich mehrstämmiger Großstrauch mit reicher Verzweigung, 4-6 m, mitunter auch kleiner Baum. Blätter langgestielt, rundlich-oval. Blüten grünlichweiß, erscheinen nach dem Laubaustrieb.
Flügelfrüchte rubinrot, stehen fast parallel zueinander.
Blütezeit: V–VI.
Vorkommen: Felshänge, Ufergehölze, lichte Laubwälder vom Tiefland bis in die Bergregion. Südosteuropa und Kleinasien. Häufig als Ziergehölz gepflanzt.
Bestimmungstip: Die Blätter sind nicht lappig geteilt. Blattstiele zottig behaart.
Gartentip: Dekoratives Laubgehölz für sonnigen Standort.

Feld-Ahorn, Maßholder

Acer campestre
Ahorngewächse
Aussehen: Sommergrüner, stark verzweigter und dicht belaubter, mehrstämmiger Großstrauch, 4-6 m, oder höherer Baum. Blätter in drei große und zwei kleinere Lappen geteilt, die ihrerseits gekerbt und gebuchtet sind, oberseits matt dunkelgrün, unterseits heller und wenig behaart. Im Herbstlaub kräftig gelb. Blüten gelbgrün, erscheinen mit dem Laub in doldigen Rispen. Flügelfrüchte.
Blütezeit: V.
Vorkommen: Flurgehölze, Feldhecken, Gebüsche, Waldränder. In Europa weit verbreitet.
Bestimmungstip: Die langen Blattstiele führen Milchsaft.
Gartentip: Hervorragendes Vogelschutzgehölz.

Echte Hortensie, Gartenform

Echte Hortensie, Gartenform

Bei vielen Hortensien-Formen entwickeln sich nur einzelne sterile Blüten zu großen Schauapparaten. Der gesamte Blütenstand wird dadurch zu einer Superblume.

Rispen-Hortensie

Echte Hortensie

Hydrangea macrophylla
Hortensiengewächse
Aussehen: Sommergrüner, dicht buschiger Zierstrauch mit aufrechten, dicken Zweigen, meist um 1 m. Die Blätter sind kurzgestielt und breit-lanzettlich bis oval, am Grunde breit-keilförmig oder abgerundet, vorne schlank zugespitzt, am Rande gleichmäßig gezähnt. Die Oberseite ist mattglänzend grün, die Unterseite heller und spärlich behaart. Die Seitenfiedern verlaufen bogig. Blüten in halbkugeligen Doldenrispen. Kronen flach ausgebreitet, vierzipflig, bis 5 cm breit, in zahlreichen Farbstellungen von Reinweiß bis Bläulich und Purpurrot.
Blütezeit: VI–VIII.
Vorkommen: Heimisch in Ostasien (Japan, China).
Bestimmungstip: Reinerbige Exemplare mit den Merkmalen der Wildpflanze sind in Parkanlagen und Gärten nicht zu erwarten. Die in Gärten oder auch als Topfpflanzen gezogenen Formen bilden ungemein üppige Blütenstände, die überwiegend aus sterilen Blüten bestehen. Bei manchen Kulturformen bilden die sterilen, für die plakative Dekoration der Schirmrispe entwickelten Blüten einen äußeren Kranz, während die übrigen (unscheinbaren) Blüten fertil sind.
Gartentip: In zahlreichen Kulturformen als Ziergehölze angepflanzt. Hortensien bevorzugen einen sonnigen, lichten Standort, sind in Mitteleuropa nicht winterfest, gedeihen aber in Westeuropa außerordentlich prächtig.

Kletter-Hortensie, Blütenstand

Echte Hortensie, Gartenform

Kletter-Hortensie

Rispen-Hortensie

Hydrangea paniculata
Hortensiengewächse
Aussehen: Sommergrüner Zierstrauch, 1-4 m. Blätter langgestielt, gelegentlich auch zu dreien am gleichen Knoten, länglich-oval. Blüten sehr zahlreich in endständigen, kegelförmigen, bis 30 cm hohen Rispen. Randblüten bis 3,5 cm breit. Kronen gelblich-weiß oder reinweiß, beim Abblühen leicht rötlich.
Blütezeit: VIII–IX.
Vorkommen: Heimisch in Ostasien.
Bestimmungstip: Zweige und Blattunterseiten sind steif behaart.
Gartentip: Wird in mehreren Kulturformen als Ziergehölz verwendet. In Mitteleuropa ziemlich frostbeständig. Erträgt Halbschatten.

Kletter-Hortensie

Hydrangea petiolaris
Hortensiengewächse
Aussehen: Sommergrüner, sehr wirr verzweigter und dicht belaubter Kletterstrauch. Klettert wie Efeu mit Hilfe von Haftwurzeln an Mauerwerk oder Baumstämmen, bis 10 m. Blätter breit-oval bis rundlich, 5-10 cm lang, kurz zugespitzt, gleichmäßig gesägt, oberseits glänzend dunkelgrün und kahl. Blüten weiß, zahlreich in großen, bis 25 cm breiten Schirmrispen. Randblüten deutlich größer und bis 3 cm breit.
Blütezeit: VI–VII.
Vorkommen: Heimisch in Ostasien (Japan bis Korea). Vielfach als Ziergehölz angepflanzt.
Bestimmungstip: An älteren Zweigen blättert die Rinde schichtweise ab.
Gartentip: Gedeiht auch an sehr schattigen Stellen.

Gemeiner Pfeifenstrauch, Einzelblüten

Gemeiner Pfeifenstrauch im Blütenschmuck

Die großen Blüten des Gemeinen Pfeifenstrauches mit ihren zahlreichen Staubblättern sind ausgesprochene Pollenblumen. Sie werden vor allem von Bienen und Hummeln, seltener auch von pollensammelnden Käfern besucht.

Gemeiner Pfeifenstrauch, Falscher Jasmin

Philadelphus coronarius
Hortensiengewächse
Aussehen: Sommergrüner, mittelgroßer Zierstrauch mit aufrechten Ästen und rutenförmigen Zweigen mit weichem Mark, 1-3 m.
Die gegenständigen Blätter sind nur sehr kurzgestielt, oval, zugespitzt, am Grunde abgerundet, unregelmäßig gezähnt, oberseits dunkelgrün und kahl, unterseits heller und auf den Nerven behaart. Die vierzähligen Blüten sind gestielt und stehen in achselständigen, aufrechten Trauben vor allem an den Zweigenden. Kronblätter reinweiß, 3-4 cm breit, flach oder schüsselförmig ausgebreitet, duften (vor allem gegen Abend) sehr intensiv und angenehm.
Bräunliche Kapselfrucht.
Blütezeit: V–VI.
Vorkommen: Waldränder, wärmeliebende, lichte Gebüsche, besonnte Berghänge. Von den Südostalpen (Gardaseegebiet) und der Toskana bis nach Westasien.
Sehr beliebtes Ziergehölz, vielfach angepflanzt, aber nur ausnahmsweise verwildert.
Bestimmungstip: Im Fachhandel werden auch Hybriden mit ostasiatischen oder nordamerikanischen Arten angeboten, die dem europäischen Pfeifenstrauch in vielen Merkmalen sehr nahestehen und nicht leicht zu unterscheiden sind.
Gartentip: Die intensiv duftenden Blüten haben der Pflanze den Namen Falscher Jasmin eingetragen. Der **Echte Jasmin** *(Jasminum officinale)* hat dreizählig gefiederte Blätter und ist in Mitteleuropa nicht frosthart.

Ölbaumgewächse/Geißblattgewächse

Forsythie, Blüten

Moosglöckchen

Forsythie, Herbstlaub

Das meist nur etwa fingerhohe Moosglöckchen erhielt seinen wissenschaftlichen Namen nach dem großen schwedischen Botaniker Carl von Linné. Die niedrige, kleine Pflanze sieht kaum wie ein Strauch aus, gehört aber zweifelsfrei zu den heimischen Gehölzen.

Forsythie, Goldglöckchen

Forsythia intermedia
Ölbaumgewächse
Aussehen: Sommergrüner Strauch mit hohlen Ästen und gekammertem Mark, 2-5 m.
Blätter länglich-oval bis lanzettlich, lang, glattrandig oder fein gesägt. Blüten vierzählig, kräftig gelb.
Blütezeit: IV.
Vorkommen: Stammt aus Ostasien und ging durch Kreuzung der **Hänge-Forsythie** *(Forsythia suspensa)* und der **Grünen Forsythie** *(Forsythia viridissima)* hervor.
Bestimmungstip: Die Wildformen der Forsythien bilden zwei verschiedene Blütentypen aus: entweder sind sie langgriffelig (zweiteilige Narbe steht über den Staubbeuteln) oder kurzgriffelig (Staubbeutel überragen die Narbe).
Gartentip: Für die heimische Tierwelt weitgehend bedeutungslos.

Moosglöckchen

Linnaea borealis
Geißblattgewächse
Aussehen: Sehr zierlicher, fast krautig aussehender Zwergstrauch mit fadenförmigen, aber verholzten Stengeln, bis 15 cm.
Blätter kurzgestielt, lederig derb, rundlich. Blüten paarweise auf langem Stengel, glockig-trichterförmig.
Blütezeit: VII–VII.
Vorkommen: Ziemlich selten in moosreichen Nadelwäldern und Zwergstrauchheiden auf sauren Rohhumusböden. In den Hochgebirgen Europas bis zum Ural sowie in Skandinavien.
Bestimmungstip: Blattstiele sind lang bewimpert.
Gartentip: Für die Gartenkultur nicht geeignet.

Gemeiner Schneeball, Blüten

Runzelblättriger Schneeball, Blüten

Gemeiner Schneeball, Früchte (giftig!)

Die heimischen und eingeführten Schneeball-Arten gehören zu den dekorativsten Gartensträuchern. Die so einladend aussehenden Früchte sind für den Menschen jedoch giftig. Nur Vögel und Kleinsäuger können schadlos daran naschen.

Gemeiner Schneeball

Viburnum opulus
Geißblattgewächse
Aussehen: Sommergrüner, buschiger Wildstrauch mit ausgebreiteten, etwas überhängenden Ästen, 1-4 m. Blätter langgestielt, drei- bis fünflappig, oberseits dunkelgrün und kahl, unterseits schwach behaart. Blüten weiß, zahlreich in endständigen Schirmrispen; Randblüten mit großer, sternförmiger Krone, steril, Zentralblüten kleiner mit glockiger Krone, fertil. Steinfrüchte leuchtendrot. **Schwach giftig!**
Blütezeit: V–VI, Fruchtreife ab VIII.
Vorkommen: Gebüschsäume, Waldränder, Auengehölze, häufig angepflanzt.
Bestimmungstip: Blattstiele mit auffälligen grünen Nektardrüsen.
Gartentip: Wertvolles Hecken- und Vogelschutzgehölz. Sonniger bis halbschattiger Standort.

Runzelblättriger Schneeball

Viburnum rhytidophyllum
Geißblattgewächse
Aussehen: Immergrüner Zierstrauch mit aufrechten Ästen und Zweigen, 1-4 m. Blätter länglich-oval, bis 20 cm lang, unregelmäßig gezähnt, oberseits glänzend dunkelgrün. Blüten weiß oder gelblich. Blütenstand überwintert. Steinfrüchte zunächst rot, zuletzt schwarz. **Giftig!**
Blütezeit: V–VI.
Vorkommen: Stammt aus Ostasien.
Bestimmungstip: Die stark runzeligen, unterseits dicht filzigen Blätter sind unverkennbar.
Gartentip: Verträgt Schatten. Mäßig bedeutsam für die heimische Tierwelt.

Wolliger Schneeball im Bestand

Wolliger Schneeball, reifende Früchte (giftig!)

Liebliche Weigelie, Einzelblüten

Wolliger Schneeball

Viburnum lantana
Geißblattgewächse
Aussehen: Sommergrüner, buschiger Wildstrauch mit aufrechten Ästen, 1-4 m. Blätter kurzgestielt, dicklich, aber weich, scharf gesägt, mattgrün, unterseits graufilzig. Blüten weiß, in gewölbten Schirmrispen, ohne vergrößerte Randblüten. Steinfrüchte anfangs leuchtend-rot, zuletzt glänzendschwarz. **Giftig!**
Blütezeit: IV–VI, Fruchtreife ab IX.
Vorkommen: Waldsäume, lichte Laubwälder, Gebüsch.
Bestimmungstip: Die feinrunzeligen Blätter fühlen sich sehr weich an.
Gartentip: Häufig auch an Straßen angepflanzt. Sehr dekoratives und wertvolles Vogelschutzgehölz (Nistplatz, Deckung, Nahrung).

Liebliche Weigelie

Weigela florida
Geißblattgewächse
Aussehen: Sommergrüner, mäßig verzweigter Zierstrauch, 1- 2 m. Blätter länglich, zugespitzt, gesägt, oberseits kahl, unterseits auf den Nerven behaart. Blüten einzeln oder in gedrängten Rispen in den Blattachseln, fünfzählig, trichterförmig, bis 5 cm lang, weißlich, rosa oder kräftiger rötlich.
Blütezeit: V–VI.
Vorkommen: Heimisch in Ostasien. In Mitteleuropa nur in Form verschiedener Gartenformen verbreitet und häufig als Ziergehölz angepflanzt.
Bestimmungstip: Die Triebe und jungen Zweige sind zweizeilig behaart.
Gartentip: Sehr dekorativ, aber von mäßigem Wert für die heimische Tierwelt.

Berberitzengewächse

Thunbergs Berberitze, Blüten

Einzelstrauch

Herbstlaub

Fruchtbehang

Thunbergs Berberitze

Berberis thunbergii
Berberitzengewächse
Aussehen: Sommergrüner, dicht verzweigter, buschiger Zierstrauch, 1-1,5 m. Zweige kantig und braunrot berindet.
Blätter gestielt, büschelig in den Achseln von langen, einteiligen Blattdornen, oval bis spatelförmig, bis 3 cm lang, wenig gezähnt, bei der Stammform frischgrün mit bläulicher Unterseite, bei der am häufigsten verwendeten Gartenvarietät purpurrot überlaufen, im Herbst prächtig scharlachrot umgefärbt. Blüten gelb, halbkugelig, gestielt, in hängenden Trauben. Kelchblätter auf der Aussenseite oft rötlich, bis 1 cm breit. Beerenfrüchte länglich-oval, bis 1 cm groß, scharlachrot, ungenießbar.
Blütezeit: V–VI.
Vorkommen: Heimisch in Ostasien (Japan).
Bestimmungstip: Ungleich stärker gezähnt sind die immergrünen, glänzenden Blätter von **Julianes Berberitze** *(Berberis julianae),* die aus China stammt und als Garten- oder Parkgehölz verwendet wird. Zahlreiche weitere sommer- oder immergrüne Arten dieser Gattung sind unter den Ziergehölzen vertreten.
Gartentip: Seit langem in Gartenkultur und sehr häufig als Heckenpflanze in Vorgärten verwendet. Thunbergs Berberitze erträgt Industrie- und Verkehrsabgase weitgehend schadlos, ist ausgesprochen frosthart und schnittverträglich, weshalb sie oft zu monotonen (nur wenig blühenden) Kastenhecken geformt wird. Als Einzelstrauch bedeutsam für die Kleintierwelt.

Berberitzengewächse

Gemeine Berberitze im Fruchtschmuck

Gemeine Berberitze, blühend

Berberitzen sind für viele Tierarten besonders wertvoll. Die früheren Ausrottungsversuche sollte man durch vermehrtes Anpflanzen im Garten wieder ausgleichen.

Gemeine Berberitze, Herbstaspekt

Gemeine Berberitze, Sauerdorn

Berberis vulgaris
Berberitzengewächse
Aussehen: Sommergrüner, aufrechter, dorntragender Wildstrauch mit bogig überhängenden Ästen, 1-3 m. Triebe kantig-längsstreifig, auffällig hellgrüngrau. Blätter gestielt, büschelig angeordnet und daher manchmal scheinbar gegenständig, länglich-elliptisch, am Grunde lang-keilförmig, vorne gerundet oder zugespitzt, scharf dornig gezähnt, oberseits dunkelgrün, unterseits heller, kahl, bis 4 cm lang, mit kräftiger Mittelrippe. Blüten mit gelben Kelch- und Kronblättern, halbkugelig gewölbt, in hängenden Trauben. Beerenfrucht länglich, bis 1 cm groß, leuchtendrot, eßbar, sehr sauer.
Blütezeit: IV–VI, Fruchtreife ab IX.
Vorkommen: In Gebüschen, Flurhecken, Waldsäumen, auf Lichtungen und Trockenhängen, sehr gerne auf kalkhaltigen Magerböden. Außer in Nordeuropa weit verbreitet, vom Tiefland bis etwa 2000 m.
Bestimmungstip: Die Blätter der Langtriebe sind in mehrteilige, bis 2 cm lange Dornen umgewandelt (Blattdornen), in deren Achsel Kurztriebe stehen. Die sechs gelben Staubblätter krümmen sich schlagartig zur Blütenmitte, wenn man ihre Basis mit einem spitzen Halm berührt.
Gartentip: Als Zwischenwirt des Getreideschwarzrostes hat man die Berberitze in vielen Gegenden ausgerottet.
Wertvolles und zudem sehr dekoratives Vogelschutzgehölz. Liebt sonnige Standorte.

Alpen-Johannisbeere, Blütenstände

Gold-Johannisbeere, blühend

Alpen-Johannisbeere, Fruchtschmuck

**Viele Arten der Gattung *Ribes* tragen recht unscheinbare Blüten wie die Alpen-Johannisbeere, die eigentlich den falschen Namen hat, da sie auch in der Niederungslandschaft vorkommt.
Die Gold-Johannisbeere erfreut dagegen durch auffällig ausgefärbte Blüten.**

Alpen-Johannisbeere

Ribes alpinum
Stachelbeergewächse
Aussehen: Sommergrüner, unbedornter, dicht verzweigter, buschiger Wildstrauch, 1-2 m.
Blätter gestielt, im Umriß rundlich, drei- bis fünflappig etwas glänzend, kahl.
Blüten grünlich-gelb, in aufrechten Trauben, häufig zweihäusig, weibliche Blütenstände wenigblütig.
Beerenfrucht scharlachrot, eßbar, schmeckt fade.
Blütezeit: IV–VI, Fruchtreife ab VIII.
Vorkommen: Gebüsche, lichte Wälder, Waldsäume, Auenwälder des Tieflandes und steinige Abhänge der Gebirge.
Bestimmungstip: Blattstiele mit langen Drüsenhaaren bewimpert.
Gartentip: Erträgt Halbschatten und Abgase. Wird in verschiedenen Sorten für Gartenhecken angeboten.

Gold-Johannisbeere

Ribes aureum
Stachelbeergewächse
Aussehen: Sommergrüner, Zierstrauch, 1-3 m. Blätter tief dreilappig, kahl, im Herbst weinrot. Blüten goldgelb, in aufrechten oder abstehenden Trauben, duften angenehm.
Beerenfrucht erbsengroß, schwarz, eßbar.
Blütezeit: IV–V, Fruchtreife ab VI.
Vorkommen: Stammt aus Kalifornien. Häufig angepflanzt und stellenweise verwildert
Bestimmungstip: Gut kenntlich an den goldgelben Blüten und den kahlen, mattglänzenden dreilappigen Blättern.
Gartentip: Beliebter Zierstrauch für sonnige bis halbschattige Standorte.

Schwarze Johannisbeere, Blüte

Felsen-Johannisbeere

Schwarze Johannisbeere, Frucht

Die Blüten der Johannisbeere sind sehr nektarreich und werden deswegen sehr gerne von Bienen, Hummeln und anderen Hautflüglern besucht. Sammeln der reifen Früchte lohnt sich nicht, da sie geschmacklich hinter den Gartenformen zurückbleiben.

Schwarze Johannisbeere

Ribes nigrum
Stachelbeergewächse
Aussehen: Sommergrüner Strauch, 1-2 m.
Blätter langgestielt, oberseits kahl, unterseits mit gelben Drüsen. Blüten grünlich-gelb, in abstehenden oder hängenden Trauben. Kelchblätter länger als Kronblätter.
Beerenfrucht kugelig, schwarz, saftig, eßbar.
Blütezeit: IV–V, Fruchtreife ab VI.
Vorkommen: In Auengehölzen und feuchten Gebüschen an Gewässerufern. In Europa weit verbreitet.
Bestimmungstip: Blätter und Rinde duften beim Zerreiben stark aromatisch.
Gartentip: Seit dem 16. Jahrhundert in Gartenkultur und in vielen ertragssicheren Sorten gepflanzt. Erträgt Halbschatten. Beeren auch Vogelnahrung.

Felsen-Johannisbeere

Ribes petraeum
Stachelbeergewächse
Aussehen: Sommergrüner, meist stärker verzweigter Wildstrauch, 1-2 m. Blätter langgestielt. Blüten zu mehreren in abstehenden oder hängenden Trauben, rötlich.
Beerenfrucht kugelig, rot, schmeckt sehr sauer, eßbar.
Blütezeit: IV–V, Fruchtreife ab VI.
Vorkommen: In Bergwälder und Bachschluchten. Von den Pyrenäen über die Alpen bis zu den Karpaten, in den Mittelgebirgen sehr selten.
Bestimmungstip: Blätter unterseits dicht weichhaarig.
Gartentip: Kaum in Gartenkultur, für den Naturgarten (Steingarten) empfehlenswert.

Stachelbeergewächse

Blut-Johannisbeere, Gartenform

Rote Johannisbeere, Normalform

Gemeine Stachelbeere

Rote Johannisbeere, Garten-Johannisbeere

Ribes rubrum
Stachelbeergewächse
Aussehen: Sommergrüner Beerenstrauch mit aufrechten Ästen, 1-2 m.
Blätter langgestielt, mehrlappig, Blüten grünlich-gelb oder rötlich, in hängenden Trauben.
Beerenfrucht kugelig, erbsengroß, scharlachrot, eßbar.
Blütezeit: IV–V, Fruchtreife ab VI.
Vorkommen: Ursprünglich eine Pflanze der Auenwälder und Ufergebüsche.
Bestimmungstip: Die **Blut-Johannisbeere** *(Ribes sanguineum)* mit großen, hellroten Blütentrauben ist ein Zierstrauch aus Nordamerika.
Gartentip: Beliebtes Beerenobst, in vielen Sorten weit verbreitet. Für sonnige und halbschattige Standorte.

Gemeine Stachelbeere

Ribes uva-crispa
Stachelbeergewächse
Aussehen: Sommergrüner, buschiger Wildstrauch mit aufrechten, bestachelten Zweigen, 0,5-1,5 m.
Blätter drei- bis fünflappig, tief gekerbt oder gezähnt, büschelig, behaart. Blüten grünlich oder grün-purpurn, einzeln oder in wenigblütigen Trauben.
Beerenfrüchte rundlich, bis 2 cm groß, grünlich, borstig behaart, durchscheinend längsstreifi, eßbar.
Blütezeit: IV–V, Fruchtreife ab VII.
Vorkommen: Als Wildpflanzen in Auenwäldern und lichten Gebüschen. In Europa weit verbreitet.
Bestimmungstip: Die Zweige sind bestachelt.
Gartentip: Sehr beliebtes Beerenobst. Keine besonderen Bodenansprüche.

Eingriffeliger Weißdorn

Eingriffeliger Weißdorn, Einzelblüte

Eingriffeliger Weißdorn, Fruchtschmuck

Eingriffeliger Weißdorn

Crataegus monogyna
Rosengewächse
Aussehen: Sommergrüner, dicht verzweigter und bedornter Wildstrauch (3-5 m) oder kleiner Baum.
Blätter langgestielt, tief drei- oder mehrlappig oberseits dunkelgrün, beidseits kahl. Blüten weiß, zahlreich in Schirmrispen, duften unangenehm, enthalten nur einen Fruchtknoten (Griffel). Apfelfrucht mit einem Steinkern, rot, säuerlich, ungenießbar.
Blütezeit: V–VI, Fruchtreife ab IX.
Vorkommen: In Hecken, Gebüschen, an Waldsäumen und an Hängen weit verbreitet. Wird häufig angepflanzt.
Bestimmungstip: Beim **Zweigriffeligen Weißdorn** *(Crataegus laevigata)* sind die Blätter im vorderen Abschnitt dreilappig (seltener fünflappig) oder nur tief gekerbt, wobei die Buchten nicht bis zur Blattmitte reichen. Blüten mit zwei Fruchtknoten (Griffeln). Blüht früher als die Schwesterart, dieser sonst in vielen Merkmalen ähnlich.
Gartentip: Beide Weißdorn-Arten sind hervorragende Heckengehölze, da sie Schnitt sehr gut vertragen. Mit ihrem reichen Blüten- und Fruchtschmuck wirken sie sehr dekorativ. Wichtig als Nahrung und Lebensraum für zahlreiche heimische Kleintiere (Insekten, Singvögel, Kleinsäuger) und daher als Schutzgehölz nicht nur für die freie Landschaft, sondern auch für größere Gärten und Parks unbedingt zu empfehlen.

Zier-Apfel, ein reichblütiges Gartengehölz

Zier-Apfel, Einzelblüten

Zier-Apfel, Fruchtschmuck

Gartenform ‚Golden Horst'

Reichblütiger Apfel, Zier-Apfel

Malus floribunda
Rosengewächse

Aussehen: Sommergrüner, reichästiger und sparrig verzweigter Zierstrauch mit aufrechten und abstehenden Ästen, 2-3 m, mitunter auch deutlich höher.
Die langgestielten Blätter werden bis 3 cm lang, sind breit- oder länglich-elliptisch, vorne deutlich zugespitzt, am Grunde breitkeilförmig oder abgerundet, grannenspitzig-gezähnt und undeutlich gelappt. Die Seitennerven laufen jeweils in die größeren Blattrandzähne aus. Nur die Blattunterseiten sind behaart. Blüten fünfzählig, sehr zahlreich in einfachen Dolden am Ende von Kurztrieben; vor dem Austreiben in der Knospe tiefrot, nach der Entfaltung außen tiefrosa und innen fast reinweiß. Apfelfrucht sehr klein, um 1 cm dick, am Fruchtstielansatz eingetieft, orangerot bis intensiv rotwangig. Schmeckt herb säuerlich, daher roh ungenießbar.

Blütezeit: IV–V, Fruchtreife ab IX.

Vorkommen: Die Wildform dieses Apfels ist unbekannt, er wurde bereits als Kultur- bzw. Zierpflanze aus Japan eingeführt.

Bestimmungstip: Neben diesem wegen seiner Reichblütigkeit sehr beliebten Zierapfel werden zahlreiche weitere Hybriden und Sorten als Ziergehölz angepflanzt, deren genauere Zuordnung sehr schwierig ist.

Gartentip: Hinsichtlich des Bodens anspruchslos. Die Blüten sind wertvolle Falter- und Bienennahrung. Die Früchte werden von Drosseln verzehrt.

Wild-Apfel

Wild-Apfel, Holzäpfel

Die meisten Kultursorten haben vom Wild-Apfel die Eigenart übernommen, die Kronblätter auf der Außenseite kräftiger rosa und rötlich einzufärben. In den seltensten Fällen sind sie reinweiß wie bei anderen heimischen Wildobstarten.

Wild-Apfel, Holz-Apfel

Malus sylvestris
Rosengewächse

Aussehen: Sommergrüner, wenig bedornter, sparrig verzweigter Wildstrauch oder kleiner Baum, 5-10 m. Blätter langgestielt, im Umriß rundlich bis breit-lanzettlich, gesägt, kurz zugespitzt, oberseits fein runzlig, anfangs auf beiden Seiten dicht kurzhaarig, oberseits später mattglänzend dunkelgrün unterseits zuletzt fast kahl. Im Herbst gelbbraun. Blüten zu mehreren auf langen Stielen büschelig an Kurztrieben, fünfzählig. Krone bis 4 cm breit, flach ausgebreitet, innen weiß, außen rötlich. Apfelfrucht tischtennisballgroß, grünlichgelb, schmeckt bitter-säuerlich.

Blütezeit: V, Fruchtreife ab IX.

Vorkommen: In Gebüschen, Flurhecken, Feldgehölzen und entlang von Fließgewässern. Bevorzugt nährstoffreiche frische Lehm- und Steinböden. In Europa weit verbreitet. Manchmal auch zur Wildäsung in freier Flur angepflanzt.

Bestimmungstip: Die rundlich-ovalen Blätter und die sparrige Verzweigung sind typisch. Dennoch von verwilderten Kultursorten nicht einfach zu unterscheiden.

Gartentip: Für die Gartenkultur weniger empfehlenswert. Der ökologische Wert von Hochstamm-Kultursorten des Apfels für die heimische Kleintierwelt, vor allem in einer offenen Streuobstwiese, ist größer. Blüten, Blätter und Früchte bieten reiche Nahrung. Stamm- und Astlöcher sind ein begehrter Wohn- oder Ruheplatz.

Silberwurz

Silberwurz
Dryas octopetala
Rosengewächse
Aussehen: Immergrüner, nur bis 10 cm hoher Zwergstrauch mit liegenden, weithin kriechenden Ästen und Zweigen. Bildet auf größerer Fläche Matten oder Rasen (Spalierstrauch).
Blätter langgestielt, bis 3 cm lang und um 1 cm breit, elliptisch, am Grunde herzförmig, vorne spitz, stark gekerbt, lederig, oberseits runzlig, kräftig grün, unterseits dicht silbrig behaart. Blattrand meist etwas eingerollt. Blüten einzeln, langgestielt, auffällig und groß, bis 4 cm breit, mit meist acht breit-ovalen, reinweißen oder cremeweißen Kronblättern. Die Griffel verlängern sich zur Fruchtzeit zu federig behaarten Schwänzen, die der Windverbreitung dienen.
Blütezeit: V–VIII, Fruchtreife ab VII.
Vorkommen: Zwergstrauchbestände der arktischen Tundren und Moränenschutt, Felsfluren und Matten oberhalb der Waldgrenze in den europäischen Hochgebirgen.
Bestimmungstip: Die Nebenblätter sind über mehr als die Hälfte mit dem Blattstiel verwachsen. Die achtzählige Blütenkrone kann mit keiner anderen Art verwechselt werden.
Gartentip: Der Fachhandel bietet die sehr reichblütige und dekorative Silberwurz für Steingärten an.
Sie erträgt keine Beschattung oder Konkurrenz durch andere Pflanzen. Hinsichtlich des Bodens ist sie aber weitgehend anspruchslos.
Wertvolle Nektarpflanze für Insekten.

Ranunkelstrauch

Ranunkelstrauch, gefüllte Form

Gefüllte Blüten sind zwar wesentlich auffälliger und dekorativer, ökologisch jedoch enorm ungünstig, weil sie meist völlig nektar- oder pollensteril sind.

Ranunkelstrauch

Kerria japonica
Rosengewächse
Aussehen: Sommergrüner, reich verzweigter Zierstrauch mit langen, aufrechten, rutenförmigen Ästen, 0,5 – 2 m. Die Zweige sind auffallend frischgrün berindet und mit weißlichem Markgewebe angefüllt. Blätter gestielt, länglich-oval, am Grunde breit-keilförmig oder herzförmig, vorne lang zugespitzt, oberseits kahl und kräftig grün, unterseits leicht behaart. Blüten einzeln oder zu wenigen in den Blattachseln am Ende beblätterter Triebe, bis 3 cm breit, leuchtendgoldgelb, mit fünf gerundeten, flach ausgebreiteten Kronblättern. Die Gartenformen entwickeln meist gefüllte, kopfartig verdichtete Blüten, die steril sind, gleichen aber in den übrigen Merkmalen der Wildform.
Blütezeit: V–VI, in manchen Jahren auch noch einmal IX–X.
Vorkommen: Stammt aus Ostasien (China) und kommt dort als Unterwuchs in lichten Laubwäldern vor.
Bestimmungstip: Die leicht glänzenden, hellgrünen Zweige und die länglichen, scharf doppelt gesägten Blätter sind unverwechselbar.
Gartentip: Schon seit langem als Ziergehölz sehr beliebt und in Kultur. Verwildert nicht. Der Ranunkelstrauch hat sich als sehr abgasfest erwiesen und wird daher besonders gerne auch in Industrieregionen oder städtischen Vorgärten angepflanzt. Im Freistand entwickeln sich bald zahlreiche Ausläufer. Verträgt auch Schatten.

Kirschpflaume, Fruchtschmuck

Kirschpflaume, Gartenform ‚Nigra'

Kirschpflaume, reife Steinfrucht

Kirschpflaume

Prunus cerasifera

Rosengewächse

Aussehen: Sommergrüner, sehr breiter Strauch oder mehrstämmiger, kleiner Baum, 4-8 m. Junge Zweige glänzend grün, auf der besonnten Seite rötlich, kahl, später graubraun berindet und mit feinen Korkwarzen übersät. Manchmal auch bedornt.
Blätter langgestielt, länglich-oval bis elliptisch, bis 7 cm lang, zugespitzt, am Grunde keilförmig, gekerbt oder ungleichmäßig gesägt, auf der Oberseite glänzend dunkelgrün, kahl, auf der Unterseite heller.
Die langgestielten Blüten öffnen sich kurz vor oder während des Laubaustriebs. Sie sind reinweiß, um 2 cm breit und stehen einzelnen (selten auch zu mehreren) an Kurztrieben.
Steinfrucht 2-3 cm groß, kugelig, anfangs grün, später gelb, rötlich oder braunrot. Eßbar und von sehr angenehmem Geschmack.
Blütezeit: III–IV, Fruchtreife ab VIII.
Vorkommen: Vom Balkan bis nach Vorderasien weit verbreitet. Schon seit langem als Obstgehölz in Kultur. In den warmen Tälern der Südalpen (Südtirol und Tessin) vielfach verwildert.
Bestimmungstip: Ähnelt etwas der Schlehe, unterscheidet sich aber durch die größeren Blüten und den stattlicheren Wuchs.
Gartentip: Bevorzugt voll besonnte oder wenig beschattete Standorte auf kalkhaltigen Lößböden. Wird in Mitteleuropa gerne als Ziergehölz angepflanzt, vor allem in einer rotlaubigen Varietät. Vermutlich Stammpflanze der Mirabelle (Marille).

Zwerg-Mandel

Zwerg-Mandel, reifende Früchte

Zwerg-Kirsche, reifende Steinfrucht

Zwerg-Mandel

Prunus tenella
Rosengewächse
Aussehen: Sommergrüner, dichtlaubiger Strauch mit rutenförmigen, aufrechten Ästen, 0,5 -1 m, bildet Ausläufer. Blätter länglich-oval, zugespitzt, scharf gesägt. Blüten einzeln in den Blattachseln, rosarot. Steinfrüchte kirschgroß, graufilzig behaart, ungenießbar. **Samen giftig!**
Blütezeit: III–V. Fruchtreife ab VIII.
Vorkommen: In lichten Wäldern, Gebüschen und Weinbergsäumen von Südosteuropa (Niederösterreich) bis Sibirien.
Bestimmungstip: Blätter fast ungestielt, steif aufrecht.
Gartentip: Dekoratives Ziergehölz für sonnige, trockene Standorte. Ergiebige Bienenweide.

Zwerg-Kirsche

Prunus fruticosa
Rosengewächse
Aussehen: Sommergrüner, unbedornter, sparrig verzweigter Strauch, 0,5-1 m. Blätter gestielt, oval bis elliptisch, mit stumpfer Spitze, gesägt oder gekerbt. Blüten langgestielt, zu mehreren in gedrängten Dolden, reinweiß. Steinfrucht kugelig, hochrot bis schwarzrot. Eßbar.
Blütezeit: IV–V, Fruchtreife ab VI.
Vorkommen: Gebüsche, trockene Hanglagen, Wegsäume, aufgelassene Steinbrüche, Hohlwege. Vom Rheintal über den Ostalpenrand bis zum Kaukasus.
Bestimmungstip: Kennzeichnend sind die kleinen, glänzenden Blätter.
Gartentip: Als Ziergehölz für steinige Böden in sonniger Lage gut geeignet.

Weichsel-Kirsche, Blüten

reifende Steinfrüchte

Weichsel-Kirsche, reife Steinfrüchte

Die schwarzglänzenden Steinfrüchte der Weichsel-Kirsche, die man auch Steinweichsel nennt, sind zwar eßbar, doch lohnt sich das Sammeln im allgemeinen nicht. Man sollte sie lieber für die heimische Vogelwelt am Strauch lassen.

Weichsel-Kirsche

Prunus mahaleb
Rosengewächse
Aussehen: Sommergrüner, sparrig verzweigter Wildstrauch oder kleiner, aber immer mehrstämmiger Baum, 1-3 m, mit sehr breiter, ausladender und ästiger Krone. Junge Zweige feinflaumig behaart, etwas klebrig, grau, mit sehr hellen Rindenporen.
Blätter langgestielt, rundlich-oval, 2-4 cm lang und fast ebenso breit, am Grunde gerundet oder schwach herzförmig, mit grünlicher Nektardrüse, vorne kurz zugespitzt, auf der Oberseite glänzend dunkelgrün, unterseits matt, heller grün. Blüten erscheinen mit den Blättern, zu mehreren in gestielten, aufrechten oder abstehenden Trauben. Kronblätter reinweiß, länglich, vorne gerundet, von angenehmem Duft. Steinfrüchte erbsengroß, kugelig, saftarm, anfangs rötlich, zuletzt mattglänzend schwarz. Eßbar.
Blütezeit: IV–V, Fruchtreife ab VIII.
Vorkommen: In lichten Felsgebüschen und Wäldern, auf trockenen, stärker besonnten und steinigen Hängen oder im Saum von Trockenrasen. Von der Iberischen Halbinsel bis ins östliche Mittelmeergebiet verbreitet. In Deutschland nördlich bis zum Mittelgebirgssaum.
Bestimmungstip: Die glänzenden, weitgehend kahlen und ziemlich kleinen Blätter sowie die traubig aufgebauten Blüten- und Fruchtstände sind unverwechselbar.
Gartentip: Wertvolles Vogelschutzgehölz.
Eignet sich nicht für halbschattige Standorte!

Schlehe als blühende Flurhecke

Schlehe, Blütenzweig

Schlehe, reife Steinfrüchte

Schlehen sind ausgesprochene Frühblüher. Lange vor den übrigen Flurgehölzen öffnen sie ihre Blüten und verändern das Gesicht der Feldflur. Die reifen Früchte finden nach dem ersten Herbstfrost nicht nur unter den größeren Singvögeln Liebhaber.

Schlehe, Schwarzdorn

Prunus spinosa
Rosengewächse
Aussehen: Sommergrüner, sehr dichtästiger und sparrig verzweigter Wildstrauch mit abstehenden oder aufrechten, mit Kurztriebdornen besetzten Ästen und Zweigen, 1-3 m, selten auch noch höher.
Blätter büschelig, gestielt, elliptisch bis oval, zugespitzt oder stumpf, gesägt und gekerbt, mattdunkelgrün.
Die fünfzähligen Blüten erscheinen geraume Zeit vor dem Blattaustrieb sehr zahlreich an den Kurztrieben überall am Strauch, 1-1,5 cm breit, reinweiß. Der Fruchtknoten sitzt am Grunde eines becherförmigen Gebildes.
Steinfrucht kugelig, anfangs bläulichgrün, zuletzt blauschwarz und heller bereift. Eßbar, aber vor den ersten strengeren Frösten sehr gerbstoffreich. Bleiben oft auch noch während des Winters am Geäst hängen (Wintersteher).
Blütezeit: III–IV, Fruchtreife ab X.
Vorkommen: Sehr häufig im Saum von Wäldern und Gebüschen, in Feldgehölzen und Flurhecken, am Rande von Weinbergen und in trockeneren Flußauen. Von der Ebene bis in mittlere Gebirgslagen um 1500 m.
Bestimmungstip: Die bis 5 cm langen und rechtwinklig abstehenden Kurztriebdornen, die leicht runzligen Blätter und die büschelig zusammenstehenden Früchte sind unverwechselbare Kennzeichen.
Gartentip: Ideales Vogelschutzgehölz für sonnige, trockene Säume.

Europäischer Feuerdorn, Gartenform

Europäischer Feuerdorn

Gelegentlich kommt es bei einigen Gartenformen des schmucken Feuerdorns zu einer zweiten Blüte im Frühherbst. Dann trägt der gleiche Strauch gleichzeitig reifende Früchte und gerade geöffnete Blüten, die allerdings nicht mehr ausreifen.
Die einladenden Früchte sind eßbar, die darin enthaltenen Samen jedoch nicht!

Europäischer Feuerdorn

Pyracantha coccinea
Rosengewächse
Aussehen: Wintergrüner, sparrig verzweigter Strauch mit abstehenden und aufrechten Ästen mit bedornten Kurztrieben, 1-3 m. Blätter kurzgestielt, länglich-lanzettlich bis länglich-oval, an Langtrieben 5-8 cm lang, an Kurztrieben 2-4 cm und bis 1,5 cm breit, lederig, derb, stumpf oder mit kurzer Stachelspitze, gezähnt, auf der Oberseite glänzend dunkelgrün, auf der Unterseite heller und matt und nur auf den größeren Blattnerven fein behaart, bleiben über Winter ohne Umfärben am Strauch, werden im nachfolgenden Frühjahr abgestoßen und durch neuen Laubaustrieb ersetzt.
Blüten sehr zahlreich in gestielten, meist aufrechten, abgeflachten Schirmtrauben von 3-4 cm Breite. Kronen fünfzählig, cremeweiß bis rötlich-gelb.
Apfelfrucht (Scheinfrucht) etwa erbsengroß, kugelig, rotorange oder hochrot.
Giftverdächtig.
Blütezeit: V–VI, mitunter ein zweites Mal IX–X. Fruchtreife ab IX.
Vorkommen: Heimisch in Südosteuropa von Italien über den Balkan bis ins Schwarzmeergebiet, dort an Waldsäumen oder Flurhecken.
Bestimmungstip: Die langen Sproßdornen und die charakteristischen Fruchtstände sind unverwechselbar.
Gartentip: Seit dem 17. Jahrhundert auch in Mitteleuropa wegen seines Blüten- und Fruchtschmucks in Kultur. Verträgt Heckenschnitt. Wertvolles Vogelschutzgehölz. Besonders für sonnige Standorte auf lehmigen oder steinigen Böden.

Wild-Birne, blühend

Wild-Birne, reife Früchte

Wild-Birne im Lebensraum

Wild-Birne, Holz-Birne

Pyrus pyraster
Rosengewächse
Aussehen: Sommergrüner, sparrig verzweigter und schwach bedornter Wildstrauch (2-4 m) oder Baum bis 20 m Höhe.
Blätter langgestielt, Blattstiel manchmal so lang wie die Blattspreite, diese ist rundlich-oval bis breit-elliptisch, am Rande in den vorderen beiden Dritteln gesägt, am Grunde breit-keilförmig bis abgerundet, vorne kurz zugespitzt, auf der Oberseite leicht glänzend und dunkelgrün, auf der Unterseite bläulichgrün, nur anfangs auf beiden Blattseiten fein behaart. Blüten fünfzählig, langgestielt, zu mehreren in Dolden an den Enden belaubter Kurztriebe, mit filzig behaartem Kelch und reinweißen, mitunter leicht rötlich überlaufenen Kronblättern. Im Unterschied zur Apfelblüte sind die fünf Griffel bis zum Grunde frei. Gestielte Apfelfrucht rundlich bis länglich-oval, gelbgrün bis braungelb. Eßbar, aber von sehr herbem Geschmack.
Blütezeit: IV–V, Fruchtreife ab IX.
Vorkommen: Vereinzelt und nie im Bestand in Gebüschen, Hecken und lichten Mischwäldern an sonnigen Hängen, auch in Auengehölzen. Von der Ebene bis in höhere Gebirgslagen. In Europa weit verbreitet.
Bestimmungstip: Bedornte Triebe, verhältnismäßig kleine Blätter und holzige Früchte unterscheiden die Wild-Birne von verwilderten Kultursorten.
Gartentip: Als Wildobst bedeutsam für eine Reihe fruchtverzehrender Tiere. Anspruchslos.

Zwerg-Mehlbeere, kurz vor Blütenöffnung

Zwerg-Mehlbeere, reife Früchte

Wie bei den baumförmig wachsenden Mehlbeeren sind die Früchte der Zwerg-Mehlbeere vor allem für die heimische Vogelwelt von Bedeutung. Häufig werden sie von den Wintergästen erst nach den ersten strengen Frösten geerntet.

Zwerg-Mehlbeere

Sorbus chamaemespilus
Rosengewächse
Aussehen: Sommergrüner, buschiger, locker verzweigter Wildstrauch, 1-2 m. Einzeln oder in kleinen Beständen.
Blätter gestielt, elliptisch bis länglich-eiförmig, vorne stumpf oder stachelspitzig, gesägt, oberseits kahl und glänzend, auf den Blattnerven fein punktiert, unterseits bläulichgrün und dünn behaart. Blüten in dichten, zusammengezogenen, weißfilzigen Schirmrispen mit rosaroten Kronblättern. Apfelfrüchte länglich, tief orangerot oder braunrot. Eßbar, aber sehr mehlig.
Blütezeit: VI–VII, Fruchtreife an VIII.
Vorkommen: Meist in Nadelwäldern (Kiefern- und Lärchenbestände), in Legföhrengürtel, Alpenrosengebüsch und Grünerlenfluren in den europäischen Hochgebirgen sowie im Schwarzwald und in den Vogesen.
Bestimmungstip: Die ähnliche **Berg-Mehlbeere** *(Sorbus mougeotii)* wächst ebenfalls strauchförmig und besitzt oberseits dunkelgrüne, unterseits dicht weißfilzige, am Rande regelmäßig gelappte oder gebuchtete Blätter. Die Blüten sind weiß. Kommt in den Gebirgswäldern des südwestlichen Europas sowie über die gesamte Alpenkette bis zu Karpaten vor. Beide Arten bilden am gemeinsamen Standort Bastarde, und kreuzen sich auch noch mit weiteren Arten der gleichen Gattung.
Gartentip: Die strauchförmigen Mehlbeeren werden für die Gartenkultur kaum angeboten.
Für sonnige Standorte.

Gamanderblättriger Spierstrauch, Bestand

Weidenblättriger Spierstrauch, Bestand

Douglas-Spierstrauch, Blütenstand

**Der Douglas-Spierstrauch gehört zum Formenkreis des Weidenblättrigen Spierstrauches.
Unter den Garten- und Parkgehölzen finden sich zahlreiche weitere Arten und Formen, beispielsweise der üppig weißblühenden Gamanderblättrige Spierstrauch.**

Weidenblättriger Spierstrauch

Spiraea salicifolia
Rosengewächse

Aussehen: Sommergrüner, buschiger und stark verzweigter Zierstrauch mit sehr schlanken, aufrechten oder bogig überhängenden, meist dicht beblätterten Ästen, 1-2 m.
Blätter gestielt, länglich-lanzettlich, stumpf oder spitz zulaufend, am Grunde mit sehr kleinen Nebenblättern, ungleich gesägt, kahl, oberseits wenig dunkler. · Blüten zahlreich in aufrechten, bis 10 cm langen, endständigen, weichhaarigen Rispen von dreieckigem Umriß. Kelchblätter zurückgeschlagen, Kronen fünfzählig, rötlichweiß.

Blütezeit: VI–VII.

Vorkommen: Stammt aus Ostasien. Südlich des Mains sowie in Brandenburg und Thüringen an vielen Stellen verwildert und vor allem in Ufergehölzen entlang von Gebirgsbächen eingebürgert

Bestimmungstip: An den weidenähnlichen Blättern und den reichblütigen Rispen gut zu erkennen.

Gartentip: Der Weidenblättrige Spierstrauch wird seit langem als Ziergehölz kultiviert. Sehr formenreich. Ohne besondere Ansprüche an Standort oder Boden, erträgt Sickerfeuchte und zeitweilige Überschwemmung. Trägt durch besonders intensives Wurzelwachstum zur raschen Festlegung von Hangböden oder Böschungen bei.
Außer als Nektar- und Pollentracht für Bienen und andere Insekten für die heimische Tierwelt von untergeordneter Bedeutung.
Auch für halbschattige Standorte geeignet.

Japanischer Spierstrauch als Gartengehölz

Japanischer Spierstrauch

Spiersträucher sind vor allem wegen ihrer reichblütigen Rispen und langen Blühdauer als Schmuckgehölze sehr beliebt. Nur selten wird man auf dem üppigen Blütenangebot Besucher oder Bestäuber sehen.

Japanischer Spierstrauch

Spiraea japonica
Rosengewächse

Aussehen: Sommergrüner, sehr buschiger Zierstrauch mit aufrechten Ästen und Zweigen, 0,5-1,5 m. Blätter elliptisch, schlank zugespitzt, am Grunde keilförmig, bis 10 cm lang, doppelt gesägt, oberseits mattgrün, unterseits bläulich, kahl. Blüten in flachen Schirmrispen an den Zweigenden, kräftig rosa oder purpurn.

Blütezeit: VI–VIII.

Vorkommen: Stammt aus Ostasien (Japan).

Bestimmungstip: Zahlreiche weitere Arten in einem nahezu unübersehbaren und schwer zu unterscheidenden Sortenbild sind in Gartenkultur. Unter den weißblütigen Arten sieht der **Gamanderblättrige Spierstrauch** *(Spiraea chamaedrifolia)* sehr ähnlich aus. Eine andere, weitverbreitete Art ist der **Douglas-Spierstrauch** *(Spiraea douglasii)*. Er trägt die Blüten in aufrechten, schlanken Rispen und besitzt unterseits weißfilzige Blätter.

Gartentip: Schon seit langem als Ziergehölz in Kultur. Wird vom Gartenfachhandel gewöhnlich nicht als reinerbige Art, sondern als Bastard-Formenschwarm angeboten. Sehr ausgiebiger Sommerblüher. Erträgt Halbschatten und ist bemerkenswert frosthart. Eignet sich für Einzelpflanzungen ebenso wie für die Hintergrundbepflanzung und für Beetabschlüsse. Hinsichtlich des Bodens sehr anspruchslos.
Für die heimische Tierwelt außer für blütenbesuchende Insekten wie Fliegen, Schwebfliegen und Wildbienen kaum von Bedeutung.

Gemeiner Efeu, altes (fast baumförmiges) Exemplar

Gemeiner Efeu, Blüte

Efeu, Früchte (giftig!)

Gemeiner Efeu

Hedera helix
Efeugewächse

Aussehen: Immergrüner, auf dem Boden kriechender oder an Mauern und Bäumen mit Hilfe von Haftwurzeln kletternder Strauch, bis etwa 20 m. Oft mit klar erkennbarem Hauptstamm, sonst sehr buschig verzweigt und dichtlaubig. Blätter von zweierlei Gestalt: An nichtblühenden Trieben drei- bis fünflappig, am Grunde herzförmig, glänzend dunkelgrün mit weißlichem Adernetz; an blühenden Trieben rautenförmig bis elliptisch, ungelappt oder allenfalls leicht gewellt. Im Winter auf den Blattunterseiten rötlich überlaufen, oberseits schwarzgrün. Blüten zwittrig, unscheinbar klein, aber sehr zahlreich in kopfig gedrängten, langgestielten Dolden.
Beerenfrüchte kugelig, vorne deutlich abgeplattet, mattschwarz. **Giftig!**

Blütezeit: IX–X, Fruchtreife im folgenden Frühjahr.

Vorkommen: Häufig in Wäldern und Gebüschen, Auengehölzen, Steinbrüchen und Ruinen. Von der Ebene bis in mittlere Gebirgslagen. In Europa weit verbreitet, im Norden nur bis Südschweden.

Bestimmungstip: Unverwechselbar.

Gartentip: Kletterstrauch zum Begrünen von Mauern und Fassaden. Sehr schattenverträglich.
Der ungewöhnlich späte Blühtermin sichert Insekten auch im Herbst eine ergiebige Tracht. Die Früchte werden gern von Singvögeln verzehrt. Wichtiges Nistgehölz und Versteck.

Syrischer Straucheibisch

Gartenform mit roten Blüten

Gartenform mit blauen Blüten

Syrischer Straucheibisch
Hibiscus syriacus
Malvengewächse
Aussehen: Sommergrüner, mäßig verzweigter Zierstrauch, 1-2 m.
Blätter gestielt, dreilappig. Blüten einzeln in den Blattachseln, trichterförmig-glockig, bis 6 cm breit, bei der Wildform reinweiß mit rötlichem Grund, bei Gartenformen meist rosa, purpurn, hellblau oder blauviolett.
Blütezeit: VII–IX.
Vorkommen: Stammt aus Ostasien (ursprünglich nahm man Vorderasien als Heimat an und leitete davon den wissenschaftlichen Namen ab). Häufig in Parks und Gärten.
Bestimmungstip: Die Blütenkrone ist in der Blütenknospe schraubig gedreht.
Gartentip: Seit langem in vielen Sorten verbreitet. Weitgehend anspruchslos.

Blumen-Scheinhasel
Corylopsis spicata
Zaubernußgewächse
Aussehen: Sommergrüner Zierstrauch mit aufrechten oder überhängenden Ästen, 0,5 -2 m.
Blätter eiförmig, vorne zugespitzt, beidseits mattgrün und weitgehend kahl.
Die Blüten erscheinen vor dem Laubaustrieb, hellgelb, in hängenden Ähren, diese bis 4 cm lang.
Blütezeit: III–IV.
Vorkommen: Stammt aus Ostasien.
Bestimmungstip: Die Blätter erinnern an Haselblätter, sind aber viel kleiner.
Gartentip: In Parks und Gärten als Frühblüher gepflanzt. Erträgt keine Beschattung, sonst anspruchslos.
Für die Tierwelt ohne Bedeutung.

Blumen-Scheinhasel im Blütenschmuck

Stechpalme, männliche Blüten

Blumen-Scheinhasel, Einzelblüten

Stechpalme, Früchte (giftig!)

Stechpalme, Hülse

Ilex aquifolium
Stechpalmengewächse
Aussehen: Immergrüner, meist sehr dichtlaubiger Strauch mit aufrechten Ästen und Zweigen, 1-5 m, seltener auch kleiner Baum. Mitunter bestandsbildend. Zweige grün.
Blätter gestielt, sehr fest und lederig-derb, länglich-oval, an jeder Seite mit fünf oder mehr langen, dornigen Stachelspitzen und dazwischen seicht oder tief gebuchtet, vorne spitz, am Grunde abgerundet, auf der Oberseite glänzend dunkelgrün, auf der Unterseite matt und hellgrün, kahl. Blüten eingeschlechtig (zweihäusig), unauffällig, mit weißer, mitunter auch rötlich überlaufener Krone. Steinfrüchte etwa erbsengroß, kugelig, scharlachrot, mehrsamig. **Giftig!**
Blütezeit: V–VI, Fruchtreife ab X.
Vorkommen: Im Unterwuchs lichter Laubwälder und Gebüsche im atlantischen Europa. In Deutschland im Bereich des Mittelgebirgsgürtels vor allem westlich des Rheins, im nördlichen Tiefland und im Alpenvorland auch weiter östlich.
Bestimmungstip: Die stachelspitzigen immergrünen Blätter können mit keinem anderen heimischen oder angepflanzten Laubgehölz verwechselt werden.
Gartentip: Die Baumform entwickelt sich meist nur im Freistand. Zahlreiche Sorten mit abweichend gefärbtem Laub sind im Handel. Bietet als Wildgehölz Schutz und Deckung. Die Blüten liefern Nektar für Hautflügler. Die Früchte werden gerne von Drosseln verzehrt.

Gagelgewächse

Gagelstrauch im Lebensraum

männliche Kätzchen

Gagelstrauch mit Kätzchenknospen

Schon im Spätsommer erscheinen in den Blattachseln die schmalen rotbraunen Kätzchen, die sich erst im nachfolgenden Frühjahr öffnen. Zur Blütezeit sehen Gagelbestände sehr reizvoll aus.

Gagelstrauch, Porst

Myrica gale

Gagelstrauchgewächse

Aussehen: Sommergrüner, reichverzweigter, buschiger Wildstrauch mit aufrechten, rutenförmigen Ästen und Zweigen, 0,5-1 m. Meist im Bestand. Zweige dicht mit Harzdrüsen besetzt, die beim Abstreifen oder Zerreiben sehr intensiv und angenehm aromatisch duften. Blätter kurzgestielt, fühlen sich fest und etwas lederig an, länglich-oval, nur im vorderen Teil dornig gezähnt, zugespitzt, am Grunde keilförmig, oberseits mattgrün, unterseits grasgrün, auf beiden Seiten dünn anliegend behaart. Blüten eingeschlechtig (zweihäusig), in aufrechten, gedrungenen, achselständigen Kätzchen, öffnen sich lange vor dem Laubaustrieb. Steinfrucht bräunlich und unauffällig. **Giftig!** Geschützt!

Blütezeit: III–V.

Vorkommen: Auf nassen, moorigen Sand- und Torfböden in Heidemooren und Feuchtheiden, im Saum von Nieder- und Hochmooren und entlang von Gräben. Atlantisches West- und Nordeuropa von Portugal bis Norwegen. In Deutschland nur im nördlichen Tiefland.

Bestimmungstip: Der charakteristische Duft und die gezähnten Blätter schließen Verwechslungen mit dem echten Sumpf-Porst aus. Früher verwendete man die Zweige zum Aromatisieren von Bier.

Gartentip: Für die Gartenkultur nicht geeignet. Die Blatt- und Blütenknospen bilden während des Winters die Nahrung von Birkhühnern.

Antarktische Südbuche, Blätter

Flaum-Eiche im Lebensraum

Antarktische Südbuche im Lebensraum

Flaum-Eiche, fruchtend

Antarktische Südbuche

Nothofagus antarctica
Buchengewächse
Aussehen: Sommergrüner Strauch oder vielstämmiger kleiner Baum, 3-6 m. Blätter sehr kurzgestielt, dicht zweizeilig, oval, oberseits glänzend dunkelgrün, unterseits heller und kahl. Blüten unscheinbar grünlich.
Blütezeit: V.
Vorkommen: Heimisch im südlichen Chile (Feuerland).
Bestimmungstip: Die zweizeilige Belaubung ergibt ein Fischgrätmuster.
Gartentip: In Parks und größeren Gärten häufig als Ziergehölz gepflanzt. Erträgt Halbschatten und Heckenschnitt.

Flaum-Eiche

Quercus pubescens
Buchengewächse
Aussehen: Sommergrüner, locker verzweigter Wildstrauch bis 5 m, seltener auch geradschäftiger Baum. Blätter gestielt, im Umriß eiförmig, beiderseits mit 7-9 rundlichen Buchten und Lappen, am Grunde keilförmig, später nur noch auf der Unterseite weich flaumhaarig. Blüten unscheinbar gelblich-grün.
Eichel bis 3,5 cm lang, breiteiförmig.
Blütezeit: IV–V.
Vorkommen: In West- und Südeuropa weit verbreitet. In Deutschland im Rheingebiet bis zur Mosel und im Saaletal.
Bestimmungstip: Die Blätter ähneln denen der **Trauben-Eiche** *(Quercus petraea)*, unterscheiden sich jedoch durch ihre Behaarung.
Gartentip: Bevorzugt lichte, warme, zeitweise trockene Standorte.

Grün-Erle, kleine weibliche und große männliche Kätzchen

Grün-Erle, Fruchtstände

Grün-Erle, Bestand

Grün-Erle

Alnus viridis
Birkengewächse

Aussehen: Sommergrüner, reichästiger Strauch mit breit ausladenden Ästen und Zweigen, 0,5-2,5 m. Meist im Bestand. Selten auch kleiner Baum. Blätter langgestielt, oval, vorne zugespitzt, am Grunde breit-keilförmig oder abgerundet, scharf doppelt gesägt, 5-8 cm lang, nach dem Laubaustrieb klebrig, auf der Unterseite glänzendgrün, mit bräunlichen Achselbärten. Blüten öffnen sich mit dem Laubaustrieb, in eingeschlechtigen Blütenständen (einhäusig), männliche Kätzchen weißlich behaart, hängend; weibliche um 1 cm lang, aufrecht an den Zweigenden, rötlich. Fruchtstand zapfenförmig.
Blütezeit: IV–V.
Vorkommen: Bildet in der subalpinen Höhenstufe im Bereich der Waldgrenze große Reinbestände auf Lawinenbahnen, Rieselfluren und entlang von Bachläufen. In tieferen Lagen auch an Waldrändern und in Auengehölzen. In den europäischen Hochgebirgen bis 2400 m. Stellenweise auch im Alpenvorland. Wird in den Alpen gelegentlich auch zur Befestigung lawinengefährdeter Hänge angepflanzt.
Bestimmungstip: Die oberseits mattgrünen, vorne deutlich zugespitzten Blätter unterscheiden diese Art von den beiden anderen heimischen und vorwiegend baumförmig wachsenden Arten, **Schwarz-Erle** *(Alnus glutinosa,* Tiefland-Art) und **Grau-Erle** *(Alnus incana,* Bergland-Art).
Gartentip: Für die Gartenkultur ungeeignet.

Birkengewächse

Zwerg-Birke im Herbstlaub

Zwerg-Birke

Strauch-Birke im Lebensraum

weibliches Kätzchen

Zwerg-Birke

Betula nana
Birkengewächse
Aussehen: Sommergrüner, sehr ästiger Zwergstrauch mit liegenden oder aufsteigenden Ästen, um 0,5 m. Blätter sehr kurzgestielt, fast kreisrund. Im Herbst goldgelb bis rötlich verfärbt. Blüten in kugeligen bis länglichen Kätzchen.
Blütezeit: IV–V.
Vorkommen: Bevorzugt staunasse Torfböden von Hoch- und Niedermooren. In der arktischen Tundra bestandsbildend. In Mitteleuropa vereinzelt im nördlichen Tiefland, in Mittelgebirgsmooren (Harz) und im Alpenvorland.
Bestimmungstip: Die kreisrunden Blätter sind unverwechselbar.
Gartentip: Für Randbepflanzung von Gartengewässern (Sumpfbeet).

Strauch-Birke

Betula humilis
Birkengewächse
Aussehen: Sommergrüner, reichästiger Wildstrauch 0,5-2 m. Blätter breit-oval oder rundlich, immer länger als breit.
Blüten in aufrechten grünen Kätzchen, öffnen sich mit dem Laubaustrieb.
Blütezeit: IV–V.
Vorkommen: Bevorzugt Moorwiesen, Moorrandgebüsche und Weiden-Erlen-Bruchwälder. In Mitteleuropa nur an wenigen Stellen im Alpenvorland und im nördlichen Tiefland.
Bestimmungstip: Von jüngeren Exemplaren der **Hänge-Birke** *(Betula pendula)* und der **Moor-Birke** *(Betula pubescens)* durch die rundlichen Blätter zu unterscheiden.
Gartentip: Für die Gartenkultur nicht geeignet.

Birkengewächse

Gemeine Hasel, männliche Blüte

Gemeine Hasel, unreife Haselnuß

Blut-Hasel, Frucht

Lamberts-Hasel, Frucht

Gemeine Hasel

Corylus avellana
Birkengewächse
Aussehen: Großer, meist recht breitwüchsiger Strauch, einzeln oder in kleineren Gruppen, 2-4 m. Blätter kurzgestielt, doppelt gesägt, im Umriß rundlich bis verkehrt-oval, mit schlanker Spitze. Blüten erscheinen sehr lange vor dem Laubaustrieb: männliche Blüten sehr zahlreich in hellgelben Kätzchen, weibliche in wenig verdickten Knospen verborgen, mit 1-2 mm langen, intensiv karminroten Narben. Nuß in einer anliegenden Fruchthülle, eßbar.
Blütezeit: I–IV, Fruchtreife ab IX.
Vorkommen: An mäßig trockenen Stellen im Saum von Wäldern, in Gebüschen, Feldgehölzen und entlang von Fließgewässern.
Bestimmungstip: Die aus Südosteuropa und Kleinasien stammende **Lamberts-Hasel** *(Corylus maxima)* trägt bis 15 cm lange und fast ebenso breite Blätter. Ihre Nußfrucht steckt in einer röhrenförmigen, tütenartig geschlossenen und vorne verengten Fruchthülle. Sie liefert die marktüblichen Haselnüsse. In Parks sieht man davon die als **Blut-Hasel** bezeichnete rotlaubige Varietät. Ein weiteres Ziergehölz ist die **Amerikanische Hasel** *(Corylus americana)*, Fruchthülle offen, aber deutlich länger als die Nuß.
Gartentip: Die heimische Hasel ist für den größeren Garten oder Mischhecken (sonnig bis Halbschatten) sehr geeignet.
Wichtig als Nistgehölz und Nahrungslieferant für Vögel und Kleinsäuger.

Echte Weinrebe (Riesling)

Echte Weinrebe (Spätburgunder)

Echte Weinrebe

Vitis vinifera
Weinrebengewächse

Aussehen: Sommergrüner, mit Hilfe von Ranken kletternder Strauch, 10-20 m. Blätter langgestielt, im Umriß rundlich bis herzförmig, drei- bis fünflappig, scharf gezähnt, oberseits kahl, unterseits dicklich behaart. Im Herbst (sortenabhängig) goldgelb oder intensiv rot. Blüten unscheinbar, grünlich-gelb, schwach duftend, zahlreich in aufrechten oder abstehenden Rispen. Kelch- und Kronblätter fallen sehr frühzeitig ab, bei der Wildform eingeschlechtig (zweihäusig), bei Kulturreben überwiegend zwittrig. Beerenfrucht kugelig, sortenabhängig gelbgrün, rotbraun oder blauviolett, eßbar.

Blütezeit: VI, Fruchtreife ab IX.

Vorkommen: Die Wildform der Weinrebe ist eine Liane in Auenwäldern, vor allem im Mittelmeergebiet. In Deutschland nur im Oberrheingebiet und an der Donau.

Bestimmungstip: Der häufig auch als **Wild-Rebe** *(Vitis sylvestris)* bezeichnete Kletterstrauch ist eine der wichtigsten Stammarten der Kulturreben. Schon seit dem frühen Altertum angebaut, steht er heute in zahlreichen Sorten zur Verfügung. Im Vergleich zur Wild-Rebe entwickeln die Sorten dickere Zweige, stärker behaarte Blätter und größere, saftreichere Beeren.

Gartentip: Weinreben eignen sich an sonnigen, trockenen Stellen vorzüglich zur Hauswandbegrünung. Hinsichtlich Boden weitgehend anspruchslos.

Kennfarbe Blau

Zusammengesetzte, gefiederte Blätter

Sträucher mit tief geteilten und zusammengesetzten Blättern gehen in der Blattgestaltung noch einen Schritt weiter als Blätter mit besonderen Blattrandeigenschaften. Sie lösen die ursprünglich einheitlich zusammenhängende oder allenfalls durch tiefe Buchten zerlappte Blattspreite in mehrere Portionen auf, von denen jede wie ein selbständiges Blatt aussieht.
Die Einzelteile eines zusammengesetzten Blattes nennt man Fiedern oder Fiederblättchen. Bei den geradzahlig oder ungeradzahlig vorhandenen Fiedern treten wiederum die gleichen Gestaltungsmerkmale des Blattrandes auf wie bei den einfachen Blättern. Neben weitgehend glattrandigen gibt es auch solche mit Zahn-, Säge-, Kerb- oder Buchtmustern.

Wildrosen wie die Bibernell-Rose entfalten ihre Schönheit nicht nur während der Blütezeit. Das fein geschnittete Laub mit den abgestuften Fiederblättchen ist Ästhetik bis in die Spitzen.

Alpen-Waldrebe im Lebensraum

Alpen-Waldrebe, Einzelblüten

Meist öffnen sich die großen, bläulichen Blütenblätter der Alpen-Waldrebe nur wenig und bilden dann eine große glockige Einzelblüte. Die Blüte bietet in sehr reichem Maße Pollen als Insektennahrung an.

Alpen-Waldrebe

Clematis alpina

Hahnenfußgewächse

Aussehen: Sommergrüner, linkswindender Schlingstrauch mit langen, biegsamen, nach Lianenart seilförmigen Stämmen und Ästen, klettert meist nur 2-3 m hoch.

Blätter langgestielt, einfach bis doppelt dreizählig unpaarig gefiedert. Fiederblättchen sehr kurzgestielt oder sitzend, lanzettlich, vorne zugespitzt, am Grunde keilförmig, grob gesägt, auf der Unterseite wenig behaart. Unterstützen die langen Blattstiele durch Ranken beim Befestigen der Pflanze an der Wuchsunterlage. Blüten im Unterschied zur Gemeinen Waldrebe sehr groß, langgestielt, nach unten hängend, einzeln an Kurztrieben in den Blattachseln der Zweigenden. Blütenhülle aus vier sternförmig ausgebreiteten oder glockig einander genäherten, hellblauen oder violetten (selten auch weißen) Blütenblättern. Diese umschließen einen Kreis aus etwa zehn weißen Nektarblättern (umgewandelte Staubblätter). Griffel zur Reifezeit federig behaart.

Blütezeit: V – VII, Fruchtreife ab IX.

Vorkommen: In halbschattigen, krautreichen Bergwälder, Alpenrosen- und Legföhrengebüsch und auf bewachsenen Steinschutthalden mit Hochstaudenbeständen. In den Alpen und Karpaten bis 2400 m.

Bestimmungstip: Im Unterschied zur Gemeinen Waldrebe nicht nur Pollen-, sondern auch attraktive Nektarblume.

Gartentip: Für die Gartenkultur nicht geeignet.

Gemeine Waldrebe, unreife Früchte

Einzelblüten

reifer Fruchtstand

längsrissige Rinde

Gemeine Waldrebe

Clematis vitalba
Hahnenfußgewächse
Aussehen: Sommergrüner, dichtverzweigter Schlingstrauch (Liane) mit langen, biegsamen, linkswindenden Ästen, klettert bis über 10 m. Stämme bis 2 cm dick. Die graubraune Rinde löst sich in langen Streifen ab. Junge Zweige sechskantig und längsstreifig.
Blätter gegenständig, langgestielt, bis 25 cm lang, unpaarig gefiedert. Fiederblättchen 5-7, weit voneinander entfernt, bis 5 cm lang, glattrandig oder gesägt, kahl, oberseits matt dunkelgrün, unterseits wenig heller.
Blüten langgestielt, mit vier schmalen, cremeweißen, behaarten Blütenhüllblättern, zu mehreren in blattachselständigen lockeren Rispen vereinigt. Der Griffel wird bei der Reife zum silbrig behaarten Flugorgan zur Windverbreitung der leichten Nußfrüchte.
Blütezeit: VI–IX, Fruchtreife ab X.
Vorkommen: Sehr häufig in Schleiergesellschaften entlang von Bach- und Flußufern, an Waldsäumen, Feldgebüschen und Hecken. In West- und Mitteleuropa weit verbreitet. Von der Ebene bis über 1500 m.
Bestimmungstip: Innerhalb der Hahnenfußgewächse eine der wenigen Gattungen mit gegenständigen Fiederblättern. Die silbrigweißen Fruchtstände sehen im Spätherbst und Winter vor allem im Gegenlicht sehr dekorativ aus.
Gartentip: Für große naturnahe Gärten sehr zu empfehlen. Bietet vielen Kleinvögeln ausgezeichnete Nist- und Versteckmöglichkeiten. Schattenverträglich.

Berg-Waldrebe als Fassadenkletterer

Jackman-Waldrebe, blaue Form

Jackman-Waldrebe, rote Form

Berg-Waldrebe

Clematis montana
Hahnenfußgewächse
Aussehen: Sommergrüner Schlingstrauch, der mit Hilfe seiner Blattstiele klettert und bis 15 m Höhe erreicht. Zweige rundlich. Blätter langgestielt, dreizählig gefiedert. Fiederblättchen lappig eingeschnitten und grob gesägt, oberseits mattgrün. Blüten sehr ansehnlich, bis 8 cm breit. Wie bei allen *Clematis*-Arten ohne Kronblätter, Blütenhülle statt dessen mit rosa-weißlichen oder hellrötlichen, kronblattartig ausgebildeten Kelchblättern und Büscheln gelber Staubblätter.
Blütezeit: V–VI.
Vorkommen: Heimisch im Himalaya.
Bestimmungstip: Noch größer werden die Blüten bei der heute sehr sortenreich angebotenen **Jackman-Waldrebe** *(Clematis jackmani)*, die durch planmäßige Kreuzung der ostasiatischen *Clematis lanuginosa* mit der rotviolett blühenden, aus Südeuropa/Westasien stammenden *Clematis viticella* entstand. Sie erreichen 12 cm Breite und enthalten oft auch mehr als vier violettblaue Blütenhüllblätter.
Gartentip: Sehr beliebte, häufig verwendete und recht frühblühende Zierkletterpflanze. Alle Sorten der Waldreben eignen sich hervorragend zum Begrünen von Zäunen und Mauern, bedürfen aber einer gewissen Pflege. Sie blühen vor allem an sonnigen Standorten sehr üppig. Auch die großblumigen Gartensorten sind wertvolle Pollen- und Nektarspender und werden gerne von Bienen und Faltern aufgesucht.

Schwarzer Holunder im Lebensraum, blühend

Schwarzer Holunder, reife Früchte

Holunder, dessen Namen mit der Märchenfigur Frau Holle zusammenhängt, ist zu fast allen Jahreszeiten eine Augenweide und besondere Zier. Während der Fruchtreife färben sich auch die Fruchtstiele rötlich, um die Einladung zur Ernte zu steigern.

Schwarzer Holunder

Sambucus nigra
Geißblattgewächse
Aussehen: Sommergrüner, sehr buschiger Wildstrauch mit aufrechten oder bogig nach außen überhängenden Ästen und Zweigen, 3-7 m. Seltener auch kleiner Baum mit krummem Stamm. Zweige mit weißem Mark, anfangs grün berindet, später hellbraun mit vielen warzigen Rindenporen. Blätter langgestielt, unpaarig gefiedert, mit 5-7 Fiederblättchen, diese fast sitzend, elliptisch, lang zugespitzt, gesägt, auf der Oberseite mattgrün, unterseits kahl und heller grün. Beim Zerreiben von besonderem Aroma.
Blüten klein, cremeweiß, sehr zahlreich in großen, flach ausgebreiteten Schirmrispen, mit starkem, sehr angenehmen Duft. Steinfrüchte (in Norddeutschland Fliederbeeren genannt) kugelig, schwarzrot mit purpurrotem Saft. **Grün giftig,** schwarz eßbar.
Blütezeit: V–VI, Fruchtreife ab VIII.
Vorkommen: Sehr häufiger Strauch an Waldrändern, in Feldgehölzen, an Ufern und Zäunen. Stickstoffzeiger. In Europa weit verbreitet. In den Alpentälern bis etwa 1200 m.
Bestimmungstip: Auch im unbelaubten Zustand ist das weiche, weiße Mark der Zweige sehr kennzeichnend. Die Fruchtstiele färben sich während der Reifezeit hochrot.
Gartentip: Wertvolles und zu allen Jahreszeiten sehr dekoratives Wildobst. Blüten als Insektennahrung von Bedeutung. Die Früchte sind auch bei zahlreichen Singvögeln sehr begehrt.

Trauben-Holunder, Blütenstände

Trauben-Holunder, Fruchtschmuck

Trauben-Holunder im Lebensraum

Trauben-Holunder, Berg-Holunder

Sambucus racemosa
Geißblattgewächse
Aussehen: Sommergrüner, mäßig verzweigter Wildstrauch mit aufrechten oder leicht überhängenden Ästen und Zweigen, 1-4 m.
Blätter langgestielt, unpaarig gefiedert, 10-25 cm lang, mit meist fünf Fiederblättchen, diese schmal-lanzettlich, insgesamt viel schlanker als beim Schwarzen Holunder, oberseits mattdunkelgrün, unterseits bläulich und nur wenig behaart, verströmen beim Zerreiben einen sehr starken, leicht unangenehmen Geruch.
Beim Laubaustrieb oft rötlich-purpurn. Blüten klein, hellgelb, erscheinen mit den Blättern, angenehm duftend, sehr zahlreich in gedrungenen, aufrechten, ovalen Rispen.
Steinfrüchte kugelig, etwa erbsengroß, scharlachrot, saftig. Fruchtfleisch nur nach Erhitzen eßbar. Steinkerne und andere Pflanzenteile **leicht giftig!**
Blütezeit: IV–V, Fruchtreife ab VII.
Vorkommen: In Mittel- und Südeuropa weit verbreitet, in lichten Gebüschen, lichten Nadelforsten und -wäldern, Schlagfluren, Flurgehölzen und an Wegrändern. Meist in den unteren und höheren Mittelgebirgslagen. In den Alpen bis 1400 m.
Bestimmungstip: Das Mark der Zweige ist rostrot.
Gartentip: Wichtiges Vogelschutzgehölz. Empfehlenswert für Gartenhecken oder als Einzelstrauch. Leicht aus Steinkernen zu ziehen.
Liebt sonnige bis halbschattige Standorte auf nährstoffreichen Lockerböden.

Gemeine Pimpernuß, Kapselfrüchte

Gemeine Pimpernuß, Blüten

geöffnete Kapselfrucht

Gemeine Pimpernuß, Klappernuß

Staphylea pinnata
Pimpernußgewächse
Aussehen: Sommergrüner, wenig verzweigter Wildstrauch mit aufrechten Ästen, 2-5 m. Zweige anfangs grünlich, später braunrötlich mit zahlreichen hellen Rindenporen. Blätter langgestielt, unpaarig gefiedert, bis 25 cm lang, mit meist fünf oder sieben Fiederblättchen, diese mit Ausnahme der Endfieder sehr kurzgestielt oder sitzend, elliptisch zugespitzt, unterseits bläulich, auf den Blattseiten kahl, fein gesägt. Blüten fünfzählig, Kelchblätter gelblich-weiß und leicht rötlich überlaufen, in Form und Farbe von den nur wenig größeren Kronblättern nicht zu unterscheiden. Die Blüten sind in hängenden, locker verzweigten, endständigen Rispen zusammengefaßt. Kapselfrucht kugelig oder birnenförmig, blasig aufgetrieben und häutig, blaßgrün, leicht runzelig, bis 4 cm lang. Ungenießbar.
Blütezeit: V–VI, Fruchtreife ab IX.
Vorkommen: In krautreichen Mischwäldern, an Säumen und auf Schlägen, sehr gerne an kalkreichen Hängen. Vom Schweizer Jura über den Alpennordrand bis zu den Karpaten und zum Balkan. In Deutschland selten in der Oberrheinebene. Sonst nur angepflanzt.
Bestimmungstip: Die reifen Samen verursachen in den auffälligen Blähfrüchten im Wind ein klapperndes Geräusch (Name!).
Gartentip: Interessantes Laubgehölz für steinige, sommerwarme Standorte.

Gewöhnliche Mahonie, Blüten

Gewöhnliche Mahonie, Früchte (giftig!

Die immergrünen Blätter der Mahonie zeigen über das Jahr hinweg charakteristische Farbwechsel. Während des Winters sind sie meist bräunlich-rot. Pilzbefall kann sie dagegen hochrot verfärbt.

Gewöhnliche Mahonie

Mahonia aquifolium
Berberitzengewächse
Aussehen: Immergrüner, unbedornter, mäßig verzweigter, aber dichtlaubiger Zierstrauch, 0,5-1,5 m. Blätter langgestielt, unpaarig gefiedert, mit 5-9 länglich-ovalen bis elliptischen Fiederblättchen, diese 4-8 cm lang, mit Ausnahme der Endfieder sitzend, mit bis zu zehn Seitennerven, die in scharfe, dornige Blattrandzähne auslaufen, dazwischen gebuchtet, sehr lederig und derb, oberseits glänzenddunkelgrün. Während der Wintermonate oberseits trübpurpurn oder hochrot. Blüten bis 1 cm breit, mit halbkugeliger Blütenhülle aus goldgelben Kelch- und Kronblättern, zahlreich in hängenden, bis 10 cm langen Trauben, angenehm duftend. Beerenfrüchte anfangs bläulich-grün, reif blauschwarz und stark bläulich bereift mit dunkelrotem Saft. **Schwach giftig**.
Blütezeit: IV–V. Fruchtreife ab IX.
Vorkommen: Heimisch im nordwestlichen Nordamerika. Stellenweise verwildert und eingebürgert.
Bestimmungstip: Die halbkugeligen Blüten enthalten je sechs reizbare Staubblätter. Wenn man sie mit einem spitzen Halm oder einer Nadel an der Staubfadenbasis berührt, klappen sie augenblicklich nach innen. Das erleichtert die Pollenbeladung des blütenbesuchenden Insektes.
Gartentip: Sehr häufig als Ziergehölz in Parks und Gärten. Außer für Insekten auch für Singvögel eine wertvolle Nahrungsquelle. Anspruchslos, auch im Halbschatten.

Strauch-Fingerkraut, blühend

Feld-Rose, Blüte

Feld-Rose, Früchte

Strauch-Fingerkraut

Potentilla fruticosa
Rosengewächse
Aussehen: Sommergrüner, reich verzweigter Zierstrauch, bis 1 m.
Blätter gestielt, handförmig drei- bis fünfzählig gefiedert. Fiederblättchen um 1 cm lang, sitzend, länglich-lanzettlich, vorne spitz und am Grunde keilförmig. Blüten fünfzählig, einzeln endständig, mit goldgelben Kronblättern.
Blütezeit: VI–IX.
Vorkommen: In lichten Wäldern, an felsigen Hängen und in Auengehölzen von Südwest- bis Südosteuropa. Häufig angepflanzt und stellenweise verwildert.
Bestimmungstip: Die Blüten enthalten eine große Anzahl Staubblätter.
Gartentip: Dankbarer Sommerblüher. Läßt sich durch Stecklinge leicht vermehren und ist hinsichtlich des Bodens anspruchslos.

Feld-Rose

Rosa arvensis
Rosengewächse
Aussehen: Sommergrüner, kletternder Wildstrauch mit bogig überhängenden Trieben, 0,5-2 m.
Blätter unpaarig gefiedert, mit 5-7 elliptischen Fiederblättchen, einfach bis doppelt gesägt. Blüten einzeln, langgestielt, reinweiß. Kelchblätter fallen früh ab. Hagebutten kugelig-oval, bis 2 cm lang, hellrot. Eßbar.
Blütezeit: VI–VIII, Fruchtreife ab IX.
Vorkommen: Waldsäume und Gebüsche in den Kalkgebieten West- und Mitteleuropas.
Bestimmungstip: Die Griffel der Fruchtknoten sind zu einer Säule verwachsen.
Gartentip: Für Heckengehölz auf Kalkboden.

Hecken-Rose im Lebensraum, blühend

Stacheln am Zweig

ungewöhnlich rote Blüten

reife Hagebutten

Hecken-Rose, Hunds-Rose

Rosa canina
Rosengewächse
Aussehen: Sommergrüner, im Freistand rundlicher, sonst mit wenig verzweigten Ästen kletternder Wildstrauch, 1-3 m. Stachel der Zweige gleichgroß, meist nach rückwärts gekrümmt. Blätter gestielt, fünf- bis siebenzählig unpaarig gefiedert. Fiederblättchen sehr kurzgestielt, elliptisch, bis 4 cm lang und 2 cm breit, oberseits kräftig- oder dunkelgrün, matt, unterseits leicht bläulich, kahl oder fein seidig behaart, einfach oder doppelt scharf gesägt. Blüten einzeln oder zu dritt auf kurzen Stielen in den oberen Blattachseln, bis 6 cm breit, blaßrosa oder rötlich, selten reinweiß, schwach duftend. Hagebutte bis 2, 5 cm lang, korallenrot, kahl eßbar.
Blütezeit: VI–VII, Fruchtreife ab IX.
Vorkommen: Wegränder, Gebüsche, Feldgehölze, Heckenzeilen, Waldränder und Magerweiden. In Mitteleuropa die mit Abstand häufigste Wildrose und überall mit Ausnahme des hohen Nordens anzutreffen.
Bestimmungstip: Die zahlreichen Griffel sind nicht zu einer gemeinsamen Griffelsäule verwachsen. Die Art ist außerordentlich formenreich und wird heute in etwa 60 Kleinarten gegliedert, die schwer zu unterscheiden sind.
Gartentip: Diese Art ist wie die übrigen Wildrosen für den naturnahen Garten (vor allem als Heckengehölz) sehr empfehlenswert. Von der Blüte bis zur Fruchtreife bietet sie der heimischen Kleintierwelt sehr viel Nahrung und Lebensraum.

Essig-Rose, blühend

Mai-Rose

Mai-Rose, Hagebutten

Essig-Rose

Rosa gallica
Rosengewächse
Aussehen: Sommergrüner (ansatzweise auch wintergrüner) Wildstrauch mit bogig überhängenden Ästen, 0,5-1 m.
Blätter drei- bis fünfzählig unpaarig gefiedert. Fiederblättchen derb, rundlich-elliptisch.
Blüten meist einzeln, hellrot bis dunkelpurpurn.
Hagebutte kugelig, braunrot, eßbar.
Blütezeit: VI–VII, Fruchtreife ab IX.
Vorkommen: Gebüsche und lichte Wälder, Säume von Mager- und Trockenrasen. Mittel- und Südeuropa. In Deutschland vom Main südwärts.
Bestimmungstip: Die gefiederten Kelchblätter fallen nicht ab.
Gartentip: Siehe Hecken-Rose.

Mai-Rose

Rosa majalis
Rosengewächse
Aussehen: Sommergrüner Wildstrauch mit Ausläufern und langen, rutenförmigen Ästen, 1-1,5 m.
Blätter mit 5-7 Fiederblättchen, diese oberseits bläulich-grün und anliegend behaart, unterseits graugrün und dichthaarig. Blüten einzeln, rosaweiß bis karminrot, bis 6 cm breit.
Hagebutte kugelig, dunkelrot, eßbar.
Blütezeit: V–VI, Fruchtreife ab VIII.
Vorkommen: Auengehölze der Alpenflüsse, außerdem in Südskandinavien und im nördlichen Balkan.
Bestimmungstip: Die Kelchblätter sind sehr schmal und ungeteilt.
Gartentip: Für steinige Böden im Naturgarten.

Bibernell-Rose, Hagebutten

schlanke Bestachelung

Bibernell-Rose, blühend

Bibernell- oder Dünen-Rosen fallen durch ihre besonders großen Einzelblüten und die schwarzrötlichen Hagebutten auf.

Bibernell-Rose, Dünen-Rose

Rosa pimpinellifolia
Rosengewächse
Aussehen: Sommergrüner, sehr kleiner Wildstrauch mit Ausläufern um 0,5 m. Blätter gestielt, mit 5-11 Fiederblättchen. Blüten einzeln, langgestielt, cremeweiß, in der Mitte gelblich. Hagebutten kugelig, schwarz, eßbar.
Blütezeit: V–VI, Fruchtreife ab VIII.
Vorkommen: Zerstreut, aber gesellig in den Dünengebieten der Nordsee und in sommerwarmen Felsgebüschen der Mittelgebirge.
Bestimmungstip: Anhand der sehr dichten Bestachelung und der schwarzen Hagebutten sehr gut von anderen Wildrosen zu unterscheiden.
Gartentip: Für Beeteinfassungen oder Kleinhecken auf Trockenböden.

Wein-Rose

Rosa rubiginosa
Rosengewächse
Aussehen: Sommergrüner Wildstrauch, 1-3 m. Blätter mit 5-7 Fiederblättchen, diese breit-oval bis rund, unterseits mit dunklen Drüsen punktiert. Blüten einzeln oder zu wenigen in den Blattachseln, hell- oder lebhaft rosa. Hagebutten kugelig, tief orangerot, eßbar.
Blütezeit: V–VI, Fruchtreife ab VIII.
Vorkommen: Offene Gebüsche in sonniger Lage, Felsfluren. In Mittel- und Südeuropa weit verbreitet.
Bestimmungstip: Die Laubblätter verströmen beim Abstreifen einen sehr angenehmen apfel- oder weinartigen Duft.
Gartentip: Siehe Hecken-Rose.

Wein-Rose, Blüten

Runzel-Rose im Bestand

Runzel-Rose, Einzelblüte mit Besucher

Runzel-Rose, Kartoffel-Rose
Rosa rugosa
Rosengewächse

Aussehen: Sommergrüner, sehr reichästiger, dichtlaubiger Zier- und Wildstrauch mit aufrechten Ästen, 1-1,5 m.
Blätter gestielt, fünf- bis neunzählig unpaarig gefiedert. Fiederblättchen elliptisch bis oval, grob gesägt, derb und fest, oberseits runzelig, frisch- oder dunkelgrün, mit eingesenkten Blattnerven, unterseits heller oder graugrün und behaart. Nebenblätter breit und gesägt, mit abgespreizten Öhrchen. Blüten einzeln oder zu wenigen in lockeren Doldentrauben, tiefrosa oder purpurrosa, mitunter auch reinweiß, bis 8 cm breit. Kelchblätter kahl, aufgerichtet, immer ungeteilt und ganzrandig. Hagebutte sehr groß, kugelig, breiter als hoch, sehr fleischig und weich, scharlachrot, eßbar.

Blütezeit: V–VIII, Fruchtreife ab VIII.

Vorkommen: Stammt aus Ostasien. In Küstendünen oder -heiden vielfach verwildert und eingebürgert.

Bestimmungstip: Die Äste und Zweige sind sehr dicht mit geraden, dünnen Stacheln besetzt. Wird manchmal Nordische Apfel-Rose genannt.

Gartentip: Wurde um 1850 nach Mitteleuropa eingeführt und ist seither in mehreren Sorten in Gärten und Parks anzutreffen. Sehr windfest, daher besonders in Windschutzpflanzungen an der Küste verwendet. Sehr empfehlenswerte und anspruchslose Wildrose für den naturnahen Garten. Wertvoll für die heimischen Kleintiere. Anspruchslos.

Alpen-Rose, blühend

Alpen-Rose, hell blühend

Kratzbeere, Blüten

Kratzbeeren, Früchte

Alpen-Rose

Rosa pendulina
Rosengewächse
Aussehen: Sommergrüner, locker verzweigter Wildstrauch, 0,5-2 m.
Blätter gestielt, unpaarig gefiedert. Blüten einzeln, kräftig rot bis rosapurpurn, in der Mitte heller, bis 5 cm breit.
Hagebutten flaschenförmig, hell- oder hochrot, eßbar.
Blütezeit: V–VII, Fruchtreife ab VIII.
Vorkommen: Staudenfluren und Gebüsche der europäischen Hochgebirge.
Bestimmungstip: Äste und Zweige sind nahezu unbestachelt. Namensähnlichkeit mit der Alpenrose (Gattung *Rhododendron*) beachten!
Gartentip: Eignet sich als Beetrose für Einzelpflanzungen, auch im Halbschatten.

Kratzbeere, Acker-Brombeere

Rubus caesius
Rosengewächse
Aussehen: Sommergrüner Kletterstrauch mit bestachelten Zweigen, um 1 m. Blätter meist dreizählig gefiedert. Blüten reinweiß, in wenigblütigen Doldentrauben. Sammelsteinfrucht (Brombeere) saftig, auffallend bläulich bereift. Eßbar, schmeckt säuerlich.
Blütezeit: V–VI, Fruchtreife ab VIII.
Vorkommen: Waldränder, Gebüsche, Ufer, Staudenfluren. Bildet in Bach- und Flußauen oft sehr undurchdringliche Dickichte. In Europa weit verbreitet.
Bestimmungstip: Die einjährigen Zweige sind rund, stark grünlich bereift, wurzeln sich mit der Spitze wieder in den Boden.
Gartentip: Für Heckensäume empfehlenswert.

Gemeine Brombeere, Früchte

Zweigbestachelung

Gemeine Brombeere, blühend

Gemeine Brombeere

Rubus fruticosus
Rosengewächse
Aussehen: Sommer- und teilweise auch wintergrüner, sehr kräftiger Wildstrauch mit kantigen, bogig überhängenden bis 2 m langen Ästen. Sproßspitzen, die wieder Bodenkontakt erhalten, bilden Wurzeln. Blätter langgestielt, meist fünfzählig gefiedert. Fiederblättchen gestielt, breitelliptisch, vorne zugespitzt, am Grunde abgerundet, grob und ungleichmäßig gezähnt, oberseits matt oder leicht glänzend dunkelgrün, unterseits hellgrün. Blattstiele und Mittelrippe bestachelt. Blüten fünfzählig, weiß oder hellrosa, zahlreich in endständigen Rispen an den vorjährigen Zweigen. Sammelsteinfrucht (Brombeere) saftig, schwarzrot, löst sich leicht mit der Blütenachse ab. Eßbar.
Blütezeit: VI–VIII, Fruchtreife ab VII.
Vorkommen: Sehr häufig an Wegrändern, auf Brachland, an Waldsäumen, in Gebüschen, Schlägen und Feldhecken.
Bestimmungstip: Die Gemeine Brombeere ist eine sogenannte Sammelart, die sich nach verschiedenen Feinmerkmalen allein in Mitteleuropa in mehrere hundert Sippen untergliedern läßt. Die genauere Bestimmung dieser offenbar in lebhafter Entwicklung begriffenen Kleinarten ist sehr schwierig. Für praktische Zwecke reicht die Zuordnung zur übergeordneten Sammelbezeichnung aus.
Gartentip: Für den Garten stehen zahlreiche ertragssichere Sorten zur Verfügung, darunter auch einige ohne Stachelbewehrung.

Gemeine Himbeere, Früchte

Gemeine Himbeere

Rubus idaeus
Rosengewächse
Aussehen: Sommergrüner Wildstrauch mit Ausläufern und rutenförmigen, aufrechten (einjährigen) und bogig überhängenden (zweijährigen) Ästen, 0,5-1,5 m. Zweige rund, bereift und nur im unteren Teil mit schwarzroten Stacheln besetzt. Blätter meist dreizählig gefiedert. Endfieder am größten, gestielt, oberseits kahl, unterseits auffällig weißfilzig behaart, scharf gesägt, am Grunde abgerundet. Blüten weiß, in lockeren aufrechten oder abstehenden Trauben. Die Kelchblätter werden nach der Blüte zurückgebogen. Sammelsteinfrucht (Himbeere) besteht aus zahlreichen Teilfrüchten, fleischrot (selten auch gelblich), samtig behaart, lösen sich leicht von der kegelförmigen Blütenachse. Eßbar.
Blütezeit: V–VII, Fruchtreife ab VII.
Vorkommen: Weit verbreitet in lichten Wäldern und Gebüschen, auf Waldschlägen, in Hochstaudenfluren, an Böschungen und Ufern sowie in Felsschutt. Von der Ebene bis ins Gebirge.
Bestimmungstip: Anhand der unterseits weißfilzig behaarten Blätter und der schwarzroten Bestachelung der älteren Zweige auch im nichtblühenden Zustand sehr leicht von Brombeeren zu unterscheiden.
Gartentip: Für den Obstbau stehen zahlreiche ertragsreiche Sorten zur Verfügung, die auf Kreuzungen mit nahe verwandten Himbeer-Arten aus Nordamerika zurückgehen.
Bevorzugt offene, sonnige Standorte.

Blasenstrauch, Blüten

Blasenstrauch, Früchte (giftig!)

Strauch-Kronwicke im Lebensraum

Blasenstrauch

Colutea arborescens
Schmetterlingsblütengewächse
Aussehen: Sommergrüner Wild- und Zierstrauch, 1-4 m. Zweige anfangs behaart, später kahl und hohl. Blätter langgestielt, fünf- bis elfzählig gefiedert. Fiederblättchen kurzgestielt, breit-elliptisch. Blüten in wenigblütigen Trauben in den Blattachseln, goldgelb. **Frucht und Samen giftig!**
Blütezeit: V–VIII. Fruchtreife ab VII.
Vorkommen: Trockene Hänge, Felsfluren, lichte Laubwälder. Vor allem im südlichen Mittel- und in Südeuropa.
Bestimmungstip: Die Hülsen sind pergamentartig, blasig aufgetrieben.
Gartentip: Häufig in Straßenbegleitgehölzen oder als Zierstrauch gepflanzt. Für Saumbepflanzungen oder im Einzelstand sehr zu empfehlen.

Strauch-Kronwicke

Coronilla emerus
Schmetterlingsblütengewächse
Aussehen: Sommergrüner Wildstrauch, 0,5-2 m. Blätter langgestielt, sieben- bis neunzählig gefiedert. Blüten in wenigblütigen Dolden in den Blattachseln, blaßgelb. Hülsen lang und schmal gegliedert.
Blütezeit: IV–VI, Fruchtreife ab VIII.
Vorkommen: In lichten Wäldern und Gebüschen Südeuropas. In Deutschland nur im Oberrheingebiet.
Bestimmungstip: Die Hülsen sind auffallend schmal.
Gartentip: Für Einzelpflanzungen an sonnigen, trockenen Stellen geeignet.

Schwarzwerdender Geißklee

Purpur-Zwergginster

Alle Teile der Geißklee-, Zwergginster- und Ginster-Arten sind giftig! Blütenbiologisch bieten sie viele interessante Beobachtungsmöglichkeiten.

Schwarzwerdender Geißklee

Lembotropis nigricans
Schmetterlingsblütengewächse
Aussehen: Sommergrüner, unbedornter Wildstrauch, 0,3 -1 m. Blätter dünn gestielt, dreizählig gefiedert. Blüten goldgelb, duften angenehm, zahlreich endständig in aufrechtenTrauben. Hülsen bis 3,5 cm lang, flach. **Alle Teile sind giftig!**
Blütezeit: VI–VIII, Fruchtreife ab IX.
Vorkommen: Lichte Wälder, Wegsäume, Felshänge in sonniger Lage. Im südlichen Mittel- und in Südeuropa.
Bestimmungstip: Blätter, Zweige und Früchte verfärben sich im Herbst (oder beim Trocknen) schwärzlich.
Gartentip: Für sonnige Säume im Naturgarten.

Purpur-Zwergginster

Chamaecytisus purpureus
Schmetterlingsblütengewächse
Aussehen: Sommergrüner, dornenloser Wildstrauch mit liegenden Ästen und aufsteigenden Zweigen, 0,2-0,5 m. Blätter dünn gestielt, dreizählig gefiedert. Blüten purpurrot, stehen einzeln oder zu dritt in den Blattachseln. Hülsenfrucht bräunlich, schwach sichelförmig. **Alle Teile sind giftig!**
Blütezeit: V–VII, Fruchtreife ab IX.
Vorkommen: Trockengebüsche, lichte Wälder, Felshänge. Endemisch in den Südalpen (Östereich) und in den Balkangebirgen.
Bestimmungstip: Die Kelche sind kräftig braun- oder purpurrot.
Gartentip: Für Einzelpflanzungen in sonniger Lage.

Regensburger Zwergginster

Besenginster im Lebensraum

Besenginster, Einzelblüten

Regensburger Zwergginster

Chamaecytisus ratisbonensis
Schmetterlingsblütengewächse
Aussehen: Sommergrüner, unbedornter Wildstrauch mit rutenförmigen, liegenden oder aufgerichteten Ästen, bis 0,5 m. Blätter langgestielt, dreizählig gefiedert, unterseits dicht anliegend behaart.
Blüten gelb-bräunlich, in seitenständigen Büscheln. Hülsen dunkelbraun, dicht behaart. **Alle Pflanzenteile sind giftig!**
Blütezeit: IV–VI, mitunter auch nochmals IX–X.
Vorkommen: Wälder und Gebüsche, Bahndämme und Steinbrüche. Mittel- und Südosteuropa.
Bestimmungstip: Blütenstände einseitswendig.
Gartentip: Für Beeteinfassungen und sonnige Säume im Naturgarten.

Besenginster

Cytisus scoparius
Schmetterlingsblütengewächse
Aussehen: Sommergrüner, reichästiger Wildstrauch mit kantigen, grünen, rutenförmigen Zweigen, 1-2 m. Blätter dreizählig gefiedert, Fiederblättchen 1 cm lang, anliegend behaart. Blüten goldgelb, einzeln in den Blattachseln. Hülse schwarz. **Alle Teile sind giftig!**
Blütezeit: V–VII. Fruchtreife ab VII.
Vorkommen: Wegränder, Böschungen, Waldsäume. Säurezeiger. In West- und Mitteleuropa häufig.
Bestimmungstip: Beim Herabdrücken des Schiffchens springen die Staubblätter uhrfederartig heraus.
Gartentip: Sehr dekorativer Strauch für trockene, sonnige Stellen.

Blauregen

Blauregen, Glyzinie

Wisteria sinensis

Schmetterlingsblütengewächse

Aussehen: Sommergrüner, linkswindender Schlingstrauch mit dünnen Ästen, erreicht bis über 10 m Höhe. Blätter langgestielt, unpaarig gefiedert, bis 30 cm lang, mit 7-13 Fiederblättchen, diese länglich-oval. Blüten erscheinen vor dem Laubaustrieb, hellblau bis blauviolett, duften sehr angenehm, in langen, hängenden Trauben. Hülsen zwischen den Samen verengt. **Giftig!**

Blütezeit: V–VI.

Vorkommen: Heimisch in Ostasien.

Bestimmungstip: Die langen Blütentrauben und gefiederten Blätter sind unverkennbar.

Gartentip: Wird sehr gerne zur Hausbegrünung angepflanzt. Er bevorzugt zwar sonnenseitige Lagen, gedeiht aber auch im Halbschatten zufriedenstellend. Der raschwüchsige Schlingstrauch überkleidet Mauern und Hauswände in kurzer Zeit flächendeckend und erfordert, da er auch in Spalten oder Fugen der Dacheindeckung vordringt, regelmäßigen Rückschnitt im Spätherbst.

Die Blüten werden von Bienen und anderen Hautflüglern sehr gerne als ergiebige Nektartracht angenommen. Bei sehr dichter, wandverkleidender Verzweigung bietet diese Art auch einer Reihe von Hecken- oder Nischenbrütern (Hausrotschwanz) Nistgelegenheit.

Die reichlich entwickelten, aber nicht immer ausreifenden Früchte sind für die heimische Tierwelt weniger von Belang.

Gemeiner Stechginster

Kleiner Stechginster

**In den westeuropäischen Küstenheiden blühen die verschiedenen Stechginster-Arten fast rund ums Jahr.
Außer den hier gezeigten Arten kommt auch noch der schwer unterscheidbare Gallische Stechginster (Blühtermin Spätsommer/ Frühherbst) vor.**

Gemeiner Stechginster, Gaspeldorn

Ulex europaeus
Schmetterlingsblütengewächse
Aussehen: Immergrüner, sehr sparrig verzweigter und dicht buschiger Wildstrauch mit aufrechten und abstehenden Zweigen, 0,5 - 2 m. Die dunkelgrünen, fein längsfurchigen Zweige sind sehr dicht mit 2-3 cm langen, festen, gefurchten und stechenden Dornen besetzt, die durch Umwandlung der Laubblätter entstanden sind. Blätter nur an Keimpflanzen, dreizählig gefiedert. Blüten goldgelb, duften sehr angenehm süßlich, bis 2 cm breit, einzeln oder zu dritt in den Achseln langer Dornen oder von winzigen Schuppenblättern entlang sämtlicher Äste und Zweige. Hülsenfrucht bis 2 cm lang, oval, schwarzbraun, anliegend dicht behaart. **Alle Teile sind giftig!**
Blütezeit: III–VII, in wintermilden Gegenden auch schon viel früher.
Vorkommen: Sehr häufig und bestandsbildend in den küstennahen Heidegebieten des atlantischen Europas von Nordspanien bis zu den Britischen Inseln. Auf den Nordseeinseln und in Südskandinavien vermutlich nur eingebürgert.
Bestimmungstip: Der **Kleine Stechginster** *(Ulex minor)* mit ungefurchten Dornen wird nur 0,8 m hoch und blüht im Spätsommer (VII–X).
Gartentip: Häufig auch in Flurhecken oder zur Abgrenzung von Feldern und Weiden angepflanzt. Der sehr dekorative Strauch ist in Mitteleuropa kaum frostbeständig.

Gemeiner Goldregen ist in allen Teilen sehr giftig!

Gemeiner Goldregen

Wegen seiner üppigen Blütenpracht ist der Goldregen als Ziergehölz sehr weit verbreitet. Geleichzeitig gehört er zu den giftigsten heimischen Laubsträuchern. Vor allem Kinder müssen rechtzeitig lernen, daß man diese Pflanzen nur mit den Augen genießen darf.

Gemeiner Goldregen

Laburnum anagyroides
Schmetterlingsblütengewächse

Aussehen: Sommergrüner Strauch oder (mehrstämmiger) Baum mit auffallend glatter Rinde, 3-6 m.
Blätter langgestielt, dreizählig gefiedert, an Langtrieben klar wechselständig, an Kurztrieben büschelig gehäuft. Fiederblättchen bis 8 cm lang und 2 cm breit, länglich-oval, vorne stumpf oder rundlich, oberseits matt dunkelgrün, unterseits graugrün und anfangs anliegend behaart.
Blüten hellgelb, bis 2 cm groß, zahlreich in hängenden, 10-25 cm langen Trauben.
Hülse hellbraun, abgeflacht und zwischen den einzelnen Samen eingeschnürt. **In allen Teilen sehr giftig!**
Blütezeit: V–VI, Fruchtreife ab VIII.
Vorkommen: Als Wildstrauch bevorzugt auf sonnigen Felsen, in offenen Buschwäldern und lichten Eichengebüschen. Vom südöstlichen Frankreich über die Südalpen bis ins Schwarzmeergebiet.
Bestimmungstip: Typisch sind die grünliche, längsstreifige Rinde der jüngeren Äste, die recht großen Blätter sowie die dicht seidige, anliegende Behaarung der Triebe und Zweige. Beim zweilippigen Kelch der Blüten ist die Unterlippe länger als die Oberlippe. Beim verwandten Alpen-Goldregen sind beide Lippen gleich lang.
Gartentip: Wird seit dem 16. Jahrhundert als Ziergehölz gepflanzt. Wird in mehreren Sorten angeboten, die reichblütiger sind als die Wildform. Großstrauch für Hintergrundbepflanzung.

Alpen-Goldregen

Die goldgelben Schmetterlingsblüten der Goldregen-Arten sind das Ziel vieler blütenbesuchender Insekten, vor allem kräftiger Bienen und Hummel, die Flügel und Schiffchen beiseite drücken können, um die Angebote an Nektar und Pollen auszubeuten.

Alpen-Goldregen ist in allen Teilen sehr giftig!

Alpen-Goldregen

Laburnum alpinum
Schmetterlingsblütengewächse

Aussehen: Sommergrüner Wildstrauch mit aufrechten Ästen, 1-5 m.
Blätter langgestielt, dreizählig gefiedert, an Kurztrieben büschelig. Fiederblättchen oval-elliptisch, hellgrün und wenig glänzend. Blüten goldgelb, duften angenehm, sehr zahlreich in hängenden, bis 40 cm langen Trauben.
Hülsen hellbraun. **Sehr giftig!**
Blütezeit: V–VII.
Vorkommen: Auf sonnigen Hängen, in lichten Wäldern und Schlägen. Gebirge Südeuropas vom Jura und den Südalpen bis zu den Karpaten.
Bestimmungstip: Die Zweige sind graugrün und kahl. Zwischen dem Gemeinen Goldregen und dem Alpen-Goldregen gibt es einen als *Laburnum* x *wateri* bezeichneten fruchtbaren Bastard. Bei dieser Form sind die Blattunterseiten und die Blütenstiele spärlich behaart. Besonders auffallend sind die sehr reichblütigen, bis über 40 cm langen Blütentrauben. Der Bastard bildet die Grundlage für einige ausgesprochen starkwüchsige und sehr häufig verwendete Gartensorten.
Gartentip: Ebenso wie der Gemeine Goldregen dient der Alpen-Goldregen oder der gemeinsame Bastard in Parks und Gärten als dekorative Hintergrundbepflanzung oder als Bestandteil in Gruppen von Großsträuchern.
Der Nutzen für die heimische Tierwelt ist – von den blütenbesuchenden Insekten abgesehen – relativ gering.

Winter-Jasmin in Vollblüte

Winter-Jasmin, Blätter

Die Blätter des Winter-Jasmins sind an den Zweigenden nahezu gegenständig, weiter unten dagegen wie bei den meisten Arten dieser Gattung eher wechselständig angeordnet.
Wegen des sehr frühen Blühtermins wird dieser Zierstrauch kaum von Insekten besucht.

Winter-Jasmin

Jasminum nudiflorum
Ölbaumgewächse
Aussehen: Sommergrüner, locker verzweigter Zierstrauch mit schlanken, sehr kantigen und bogig überhängenden, dunkelgrünen Zweigen, 1-3 m.
Blätter dreizählig gefiedert. Fiederblättchen tiefgrün, bewimpert. Blüten einzeln in den Blattachseln an vorjährigen Trieben, erscheinen lange vor dem Blattaustrieb, hellgelb, an den Rändern mitunter leicht rötlich, bis 3 cm breit, mit langer, schlanker Kronröhre und fünf ausgebreiteten Zipfeln, wenig duftend.
Blütezeit: XII–IV.
Vorkommen: Heimisch in Nordchina und seit langem als auffälliger Winterblüher in Kultur.
Bestimmungstip: Weitere Arten dieser Gattung haben Eingang in Parks und Gärten gefunden: Der aus Ostasien stammende **Echte Jasmin** *(Jasminum officinale)*, ein aufrechtwachsender Großstrauch, trägt große, weiße Blüten und wird vor allem in Südfrankreich für die Parfümindustrie auch auf Feldern angebaut. Der **Strauch-Jasmin** *(Jasminum fruticans)* blüht gelb und trägt immergrüne, wechselständige, gefiederte Blätter. Er ist im Mittelmeerraum weit verbreitet, wird in den warmen Südalpen (Tessin, Südtirol) gerne als Zierstrauch angepflanzt und ist dort stellenweise verwildert.
Manchmal wird auch der Pfeifenstrauch *(Philadelphus coronarius)* als Jasmin bezeichnet.
Gartentip: Die Bedeutung des Winter-Jasmins für die heimische Tierwelt ist gering.

Zaubernußgewächse

Japanische Zaubernuß

Chinesische Zaubernuß, Einzelblüten

Japanische Zaubernuß, rotblühende Gartenform

Japanische Zaubernuß, Belaubung

Japanische Zaubernuß

Hamamelis japonica
Zaubernußgewächse
Aussehen: Sommergrüner Zierstrauch, 1-3 m. Zweige abstehend, fahlgrau, mit Sternhaaren besetzt.
Blätter breit-oval bis rundlich, ungleich gekerbt, kurz zugespitzt, mit schiefem Blattgrund.
Blüten kurzgestielt, vierzählig, zu mehreren büschelig, goldgelb.
Blütezeit: I–III.
Vorkommen: Heimisch in Japan.
Bestimmungstip: Die schmalen Kronblätter sehen immer etwas lockig geknittert aus.
Gartentip: Die Japanische Zaubernuß ist seit dem vorigen Jahrhundert auch in Mitteleuropa als Großstrauch in Kultur. Nutzen für die heimische Tierwelt gering.

Chinesische Zaubernuß

Hamamelis mollis
Zaubernußgewächse
Aussehen: Sommergrüner, ästiger Strauch, 2-5 m. Zweige dicht behaart.
Blätter kurzgestielt, breit-oval, zugespitzt, am Grunde herzförmig und leicht unsymmetrisch, bis 16 cm lang und 12 cm breit, beidseits behaart, unterseits dicht filzig grau. Blüten mit weinroten Kelchblättern und goldgelben, am Grunde rötlichen Kronblättern.
Blütezeit: I–III.
Vorkommen: Heimisch in China.
Bestimmungstip: Die schmalen Kronblätter sind nicht lockig gerollt, sondern gerade.
Gartentip: Seit langem in Gartenkultur (Großstrauch in Einzelpflanzung). Sehr dekorative und beliebte Art, in mehreren Sorten im Handel.

Fünfblättrige Jungfernrebe, Herbstlaub

Fünfblättrige Jungfernrebe, Blütenstand

Dreispitzige Jungfernrebe, Herbstlaub

Fünfblättrige Jungfernrebe

Parthenocissus quinquefolia
Weinrebengewächse
Aussehen: Sommergrüner Kletterstrauch, 6-12 m. Blätter meist fünfzählig gefingert, glänzend, im Herbst karminrot. Blüten unscheinbar, grünlich. Beerenfrucht erbsengroß, blauschwarz, bereift. **Schwach giftig**.
Blütezeit: VI–VII, Fruchtreife X.
Vorkommen: Stammt aus Nordamerika. Stellenweise in Auen verwildert.
Bestimmungstip: Blattranken regelmäßig zweizeilig mit 5-12 Haftscheiben. Bei der sehr ähnlichen **Gemeinen Jungfernrebe** *(Parthenocissus inserta)* sind es nur 2-5 schwach entwickelte Haftscheiben.
Gartentip: Verwendung wie Dreispitzige Jungfernrebe.

Dreispitzige Jungfernrebe, Wilder Wein

Parthenocissus tricuspidata
Weinrebengewächse
Aussehen: Sommergrüner Kletterstrauch, bis 10 m. Blätter langgestielt, am Grunde herzförmig, vorne dreilappig (mitunter auch ungelappt), grob gezähnt, im Herbst prächtig rot. Blüten klein, unscheinbar, grünlich, in Schirmrispen. Beerenfrüchte dunkelblau, bereift. **Schwach giftig**.
Blütezeit: VII–VII, Fruchtreife ab X.
Vorkommen: Heimisch in Ostasien.
Bestimmungstip: Blattranken gegenüber den Laubblättern, verzweigt, verkrallen sich ohne Haftscheibe an der Unterlage.
Gartentip: Zur Begrünung von Mauern und Wänden (Sonnenseite) seit langem in Kultur. Früchte werden von Singvögeln verzehrt.

Essigbaum im Herbstlaub

Essigbaum, Teil des Blütenstandes

Der Name Hirschkolben-Sumach rührt daher, daß die Fruchtstände entfernt an das wachsende, noch in der Basthaut steckende Geweih („Kolben") der Hirsche erinnert.

Essigbaum, Fruchtstände

Essigbaum, Hirschkolben-Sumach

Rhus typhina
Sumachgewächse
Aussehen: Sommergrüner Strauch mit Ausläufern oder kleiner Baum mit aufrechten oder breit ausladenden Ästen, 3-5 m. Junge Zweige samtig behaart. Blätter langgestielt, unpaarig gefiedert. Fiederblättchen 11-31, länglich-lanzettlich, grob gesägt, anfangs behaart, sattgrün, unterseits hellgrau, im Herbst prachtvoll rot. Blüten klein, unscheinbar, grünlich, sehr zahlreich in aufrechten, endständigen, kolbenartig verdickten Rispen. Steinfrüchte rot behaart, zur Fruchtzeit intensiv rötlich- oder rostbraun.
Blütezeit: VI–VII, Fruchtreife ab
Vorkommen: Stammt aus dem östlichen Nordamerika. Verwildert und tritt dann an Bahndämmen, auf Schuttplätzen oder in nährstoffreichen, trockenen Krautfluren auf.
Bestimmungstip: Sehr ähnlich ist der ebenfalls im atlantischen Nordamerika beheimatete **Kahle Sumach** *(Rhus glabra)*. Die jungen Zweige sind kahl und bläulich bereift, seine Fiederblättchen unterseits blaugrün. Häufig als Parkgehölz gepflanzt und an ähnlichen Stellen verwildert wie der Essigbaum.
Gartentip: Wird in Europa schon seit dem 17. Jahrhundert als Ziergehölz angepflanzt. Von beiden Sumach-Arten gibt es Gartenformen mit tief fiederschnittigen oder zerschlitzten Fiederblättchen. Sehen dekorativ aus, bieten der heimischen Kleintierwelt jedoch keinen Nutzen. Hinsichtlich des Bodens anspruchslos.

Kennfarbe Lila

Nadel- oder schuppenförmige Blätter

Von den großflächigen und meist auch recht dünnhäutigen Laubblättern der sommergrünen Gehölze sind die deutlich kompakteren und zudem mehrjährigen Nadelblätter grundverschieden. Schmale, kleinflächige, oft sehr starre und in vielen Einzelheiten auf das Notwendigste vereinfachte Blätter von nadel- oder schuppenförmiger Gestalt gibt es jedoch nicht nur bei den nacktsamigen Nadelhölzern. Auch andere, zu den Bedecktsamern gehörende Gehölze, vereinfachen ihre Blattgestalt. Dieser Umbau der äußeren Blattgestalt ist oft die Antwort auf einen bestimmten Umweltfaktor und daher Ausdruck einer besonderen Anpassungsleistung.

Der Gemeine Wacholder ist ein sehr lichtbedürftiges Nadelholz und bevorzugt daher offene Heideflächen. Seine Beerenzapfen reifen erst im zweiten Jahr nach der Blüte.

Gemeine Krähenbeere, Blüten

Gemeine Krähenbeere, Früchte

Gemeine Krähenbeere im Lebensraum

Gemeine Krähenbeere

Empetrum nigrum
Krähenbeerengewächse
Aussehen: Immergrüner Zwergstrauch mit liegenden oder aufsteigenden Ästen und Zweigen, 0,1-0,3 m. Bildet ausgedehnte Teppiche. Blätter sehr kurzgestielt, wechselständig oder zu wenigen in unregelmäßigen Wirteln, lederig, parallelrandig, kahl, glänzenddunkelgrün. Die Blattränder werden nach unten eingerollt und so weit angenähert, daß eine schmale, mit weißem Haarstreifen verschlossene Rinne entsteht. Blüten unscheinbar, eingeschlechtig (Pflanze zweihäusig), grünlichrot, mit getrennten, nicht verwachsenden Kelch- und Kronblättern.
Beerenartige mehrsamige Steinfrucht, kugelig, mattglänzend schwarz. Genießbar, aber ohne besonderes Aroma.
Blütezeit: V–VI, Fruchtreife ab VIII.
Vorkommen: Vor allem in den Dünen an Nord- und Ostsee, in den höheren Mittelgebirgen (Harz, Rhön, Fichtelgebirge, Schwarzwald, Erzgebirge). Fehlt in den Alpen.
Bestimmungstip: Sehr ähnlich ist die **Zwittrige Krähenbeere** *(Empetrum hermaphroditum).* Ihre Blätter sind um 6 mm lang, die Blattränder bilden einen spitzen Winkel. Die Blüten sind zwittrig. Die Pflanze wächst mehr aufrecht und erreicht 0,5 m. Verbreitet in der arktischen Zwergstrauchtundra und in den Alpen.
Gartentip: Empfehlenswert für Heidegärten und als Bodendecker auf kalkarmen, offenen Standorten.

Heidekraut in norddeutscher Heidelandschaftt

Heidekraut, Blütenstand

Heidekraut, Einzelblüten

Heidekraut, Besenheide

Calluna vulgaris
Heidekrautgewächse
Aussehen: Immergrüner, sehr ästiger Strauch mit liegenden und aufsteigenden oder aufrechten Zweigen, 0,2 -0,5 m. Meist in größeren Beständen. Junge Zweige deutlich vierkantig. Blätter sehr klein, stehen vor allem an den kurzen Seitenzweigen sehr dicht in vier paarweise gegenständigen Geradezeilen und decken sich dachziegelartig, 1-3 mm lang und um 1 mm breit, am Grunde stengelumfassend, mit umgebogenen Blatträndern, die zwischen sich einen schmalen Schlitz bilden, im Sommer dunkelgrün, im Winter bronzefarben bis braunrötlich. Blüten vierzählig, hängend, mit rosafarbenen oder hellvioletten (selten auch weißen) Kron- und deutlich längeren Kelchblättern, sehr zahlreich in dichtblütigen, endständigen, etwas einseitswendigen Trauben. Kapselfrucht unauffällig bräunlich.
Blütezeit: VII–VIII, Fruchtreife ab IX.
Vorkommen: Auf nährstoffarmen, sauren Böden in lichten Kiefernwäldern, Heidemooren, Heiden, Magerwiesen und Dünen sowie auf Felshängen. In Europa weit verbreitet. Fehlt in größeren Gebieten der Mittelmeerregion. In den Alpen bis 2600 m. Auch nördlich des Polarkreises.
Bestimmungstip: Einzige Art der Gattung und kaum mit anderen Vertretern der Heidekrautgewächse zu verwechseln.
Gartentip: Lichtbedürftige, sonst anspruchslose Art für den Heidegarten. Ergiebige Trachtpflanze für blütenbesuchende Insekten.

Graue Heide am Klippensaum (Bretagne)

Wimper-Heide

Graue Heide, dichtblütiger Bestand

Im Spätsommer bieten die Klippengebiete in Westeuropa äußerst farbenprächtige Schauspiele, wenn die verschiedenen Heide-Arten nacheinander aufblühen. Die Graue Heide eröffnet meist den Reigen.

Graue Heide

Erica cinerea
Heidekrautgewächse
Aussehen: Immergrüner, reichästiger, lockerer Zwergstrauch, 0,3-0,7 m. Junge Zweige kantig und graufilzig. Blätter sehr kurzgestielt, in Dreierwirteln, linealisch, mit umgebogenen Rändern.
Blüten vierzählig, leuchtendpurpurviolett, in gedrängten endständigen Trauben oder kopfigen Dolden.
Kapselfrucht unauffällig.
Blütezeit: VI–IX.
Vorkommen: Bestandsbildend in den atlantischen Küstenheiden von Portugal bis Südnorwegen. Fehlt in Deutschland.
Bestimmungstip: Blätter sind glänzenddunkelgrün und nicht stechend spitz.
Gartentip: Ist in mehreren Sorten als bodendeckendes Ziergehölz für offene Standorte in wintermilden Lagen im Handel.

Wimper-Heide

Erica ciliaris
Heidekrautgewächse
Aussehen: Immergrüner, locker verzweigter Zwergstrauch, 0,3-0,6 m. Blätter sehr klein, in Dreierwirteln, graugrün, am Rande herabgebogen. Blüten kräftig rosarot, in endständigen, bis 12 cm langen aufrechten Trauben.
Kapselfrucht unauffällig.
Blütezeit: VII–IX.
Vorkommen: Einzeln oder gruppenweise in den Küstenheiden des atlantischen Europas.
Bestimmungstip: Kelch und Krone sind lang bewimpert.
Gartentip: Sehr schmucke Pflanze für Heidegärten, in den meisten Teilregionen Mitteleuropas jedoch nicht ausreichend winterfest.

Schnee-Heide, ein winterlicher Frühblüher

Schnee-Heide, Blütenstand

Schnee-Heide, Einzelblüten

Schnee-Heide

Erica herbacea

Heidekrautgewächse

Aussehen: Immergrüner, reichästiger, kriechender Zwergstrauch, 0,25 m. Junge Zweige ziemlich dünn und biegsam, kahl, kantig und längsfurchig. Blätter in Viererwirteln, linealisch, bis 1 cm lang und 1 mm breit, spitz, aber nicht stechend, im Sommer dunkelgrün, im Winter eher schmutziggrün bis braunrot. Blüten fleischfarben-rosa, seltener auch reinweiß, mit sehr kurzem Kelch und röhrenförmiger, nach vorne verengter und kurzzipfeliger Krone, leicht abwärts geneigt, zahlreich in endständigen, einseitswendigen Trauben. Blüten werden bereits im Spätsommer angelegt, halten aber bis zum Aufblühen Knospenruhe.

Blütezeit: (XII) III – V.

Vorkommen: Einzeln oder bestandsbildend an Felshängen oder im Saum lichter Nadelwälder im Alpenvorland und in den Alpen sowie in den Gebirgen des Balkans. Gewöhnlich auf kalkhaltigem Boden.

Bestimmungstip: Die acht dunkelpurpurnen Staubblätter hängen aus der Kronröhre fast vollständig heraus. Sie öffnen sich zur Pollenabgabe jeweils mit einem seitlichen Spalt in der Spitzenregion.

Gartentip: Gedeiht auch im Tiefland als anspruchsloser Bodendecker sehr gut. In vielen Sorten im Handel. Die Pflanzen sollten nach dem Abblühen im fortgeschrittenen Frühjahr jeweils um etwa ein Drittel zurückgeschnitten werden, damit sie ihre dichtbuschige Form bewahren.

Wertvolle Trachtpflanze für Insekten.

Glocken-Heide

Cornwall-Heide, weißblütige Form

Eine wichtige Unterscheidungshilfe für die Bestimmung der verschiedenen Heide-Arten ist die Länge der Staubbeutel. Bei der Glocken-Heide überragen sie die Blütenkrone nicht, bei der Cornwall-Heide hängen sie dagegen weit heraus. In jedem Fall öffnen sie sich wie ein Salzstreuer nur an der Spitze.

Glocken-Heide

Erica tetralix
Heidekrautgewächse
Aussehen: Immergrüner, liegender oder aufrechter Zwergstrauch, 0,2 -0,6 m. Zweige dünn und anfangs dicht zottig behaart. Blätter in Viererwirteln, kurzgestielt, abstehend, linealisch, meist behaart. Blüten vierzählig, hellrosa, in kopfig gedrängten, endständigen Trauben oder Dolden.
Blütezeit: VII–VIII.
Vorkommen: Im atlantischen Europa in feuchten Heiden, Hochmooren und sauren, feuchten Kiefernwäldern. Von Portugal bis zum Baltikum. In Deutschland südlich bis zur Niederrheinischen Bucht.
Bestimmungstip: Kelch und Kronen sind deutlich bewimpert. Die Blütenkronen verfärben sich nach dem Abblühen rostrot.
Gartentip: Für die Gartenkultur nicht geeignet.

Cornwall-Heide

Erica vagans
Heidekrautgewächse
Aussehen: Immergrüner, buschiger Zwergstrauch, 0,3-0,8 m. Blätter in Vierer- oder Fünferwirteln, linealisch, 5-10 mm lang, dunkelgrün, spitz. Blüten mit kugeliger Krone, weißlichrosa oder blaßlila, zahlreich in endständigen, zylindrischen Trauben.
Blütezeit: VII – IX.
Vorkommen: Endemit atlantischer Küstenheiden der Britischen Inseln, vor allem entlang der westlichen Kanalküste.
Bestimmungstip: Purpurne Staubblätter ragen aus der Krone weit heraus.
Gartentip: In mehreren Sorten im Handel, aber nur bedingt winterfest.

Deutsche Tamariske

Französische Tamariske, blühend

Französische Tamariske im Lebensraum

Deutsche Tamariske, Rispelstrauch

Myricaria germanica
Tamariskengewächse
Aussehen: Immergrüner Wildstrauch mit aufrechten, rutenförmigen, braunroten Ästen, 0,5-2 m. Blätter schuppenförmig, sitzend, schmal-oval, kahl, bläulichgrün. Blüten fünfzählig, weiß oder rötlich, kurzgestielt, etwa 8 mm breit, zu mehreren in aufrechten, endständigen Trauben.
Blütezeit: VII–VIII.
Vorkommen: Selten, aber meist gesellig auf Kies- und Schotterböden von Fließgewässerauen. Pyrenäen, Balkan, Skandinavien. In Mitteleuropa nur in den Alpen und im Alpenvorland.
Bestimmungstip: Sieht heidekrautartig aus. Bildet Flugsamen mit Haarschopf.
Gartentip: Für die Gartenkultur nicht geeignet.

Französische Tamariske

Tamarix gallica
Tamariskengewächse
Aussehen: Immergrüner, stark ästiger Strauch oder kleiner Baum, 2-4 m. Rinde purpurbraun. Äste und Zweige rutenförmig und bogig ausgebreitet. Blätter schuppenförmig, dicht und schraubig angeordnet. Blüten fünfzählig, rosa, kurzgestielt, zahlreich in dichten Ährentrauben und zum rispenförmigen Gesamtblütenstand gruppiert.
Blütezeit: VI–VIII.
Vorkommen: Felsige Böschungen, Küstendünen und Flußufer. Von Nordwestfrankreich (Bretagne) bis ins Mittelmeergebiet.
Bestimmungstip: Blätter bläulich-grün. Kronblätter fallen nach dem Verblühen ab.
Gartentip: In Mitteleuropa nicht winterfest.

Fünfmännige Tamariske, blühend

Fünfmännige Tamariske, Blütenstände

Mittelmer-Tamariske

Fünfmännige Tamariske
Tamarix pentandra
Tamariskengewächse
Aussehen: Immergrüner, locker verzweigter Strauch oder kleiner Baum mit rutenförmig, bogig überhängenden Ästen, 3-5 m. Blätter schuppenförmig, lanzettlich-oval, blaßgrün bis bläulich. Blüten fünfzählig, rosarot bis dunkelrosa, zahlreich in ährenförmigen Trauben, diese zu großen Rispen vereint.
Blütezeit: VII–IX.
Vorkommen: Südosteuropa bis Mittelasien.
Bestimmungstip: Die Kronblätter fallen nach dem Verblühen nicht ab.
Gartentip: Seit dem letzten Jahrhundert vielfach als Zierstrauch angepflanzt. Anspruchslos und winterfest.

Mittelmeer-Tamariske
Tamarix tetrandra
Tamariskengewächse
Aussehen: Immergrüner Strauch oder kleiner Baum mit dunkelbraunen bis schwärzlichen, rutenförmigen, bogig überhängenden Zweigen, 2-3 m. Blätter schuppenförmig, sehr klein, grasgrün. Blüten vierzählig, hellrosa, sehr zahlreich in büschelig wirkenden Trauben entlang der vorjährigen Triebe. Kronblätter fallen nach dem Verblühen rasch ab.
Blütezeit: IV–V.
Vorkommen: Stammt aus Südosteuropa und Vorderasien.
Bestimmungstip: Blüht im Unterschied zu den anderen Tamarisken schon im Frühjahr.
Gartentip: Seltener als Zierstrauch angepflanzt, in Süd- und Westeuropa zur Festlegung von Sandböden verwendet.

Gemeine Eibe mit reifen Samenmänteln

männliche Blüte

weibliche Blüte

Gemeine Eibe

Taxus baccata
Eibengewächse

Aussehen: Immergrünes, stark verzweigtes und ziemlich buschiges Nadelgehölz, mittelgroßer, säulenförmiger oder breiter Strauch (2-5 m) oder Baum bis 20 m. Blätter bis 4 cm lang und 3mm breit, allmählich zugespitzt, oberseits glänzend dunkelgrün, unterseits grasgrün mit zwei wenig auffallenden, graugrünen Längsstreifen, an aufrechten Trieben schraubig, sonst zweizeilig gescheitelt.
Blüten eingeschlechtig (zweihäusig), einzeln in den Blattachseln. Männliche Blüten zahlreich, kugelig, gelblich, mit 6-8 Pollensäcken. Weibliche Blüten sehr unscheinbar, nur um 1 mm groß.
Samen unter 1 cm lang, von einem fleischigen, karminroten, etwas bereiften Samenmantel umgeben. **Alle Teile** (außer dem Samenmantel) **sehr giftig!**
Blütezeit: III–IV, Samenreife IX–X.
Vorkommen: Als Wildpflanze meist vereinzelt in lichten oder schattigen Laubmisch- und Schluchtwäldern. Von der Ebene bis ins Gebirge. In den Alpen bis über 1000 m.
Bestimmungstip: Die kräftigen, etwas abgeflachten Nadelblätter duften beim Zerreiben nicht aromatisch.
Gartentip: Während man die Wildform in Wäldern nur noch selten sieht, werden zahlreiche Sorten als Park- und Gartengehölze angepflanzt. Sehr verbreitet sind die schwarzgrünen Säuleneiben und die stumpfgrünen Breitbuscheiben.
Die Samenmäntel sind eine wertvolle Vogelnahrung.

Latsche in den Dolomiten

männliche Blüten

weiblicher Blütenstand

Die Latsche ist eine besondere Wuchsform der Berg-Kiefer. In den Hochgebirgen bildet sie an der klimatischen Grenze der Strauchgehölze ausgedehnte Knie- oder Krummholzbestände. Weil die Sträucher von der Schneelast an den Boden gedrückt werden und meist liegend wachsen, nennt man sie auch Legföhren.

Latsche, Legföhre, Berg-Kiefer

Pinus mugo

Kieferngewächse

Aussehen: Immergrüner, sehr formenreicher und breitbuschiger Nadelstrauch, meist mehrstämmig, mit liegenden oder aufsteigenden Ästen, 1-4 m. Nadelblätter zu zweit an Kurztrieben, in langen, graubraunen Nadelscheiden, gerade oder sichelförmig zum Trieb gekrümmt, steif, beidseits glänzend dunkelgrün, an den Kanten fein gesägt. Blüten eingeschlechtig: Männliche Blüten gelblich, zahlreich in ährenförmigen Blütenständen am Grunde von Langtrieben, weibliche Blütenstände unterhalb der Spitze von Langtrieben, purpurrot. Zapfen sehr kurzgestielt, anfangs aufrecht, später abstehend, unreif violettgrün, reif hell- bis mittelbraun.

Blütezeit: V–VI, Zapfenreife im Herbst des nächsten Jahres.

Vorkommen: Felshänge, steinige Matten, Gebirgsmoore. In den europäischen Hochgebirgen von den Pyrenäen über den Alpenhauptkamm bis zu den Karpaten, ferner im Erz- und Riesengebirge. Bis in die alpine Region auf 2400 m. Bildet oberhalb des Waldgürtels die Krummholzregion.

Bestimmungstip: Typisch sind die sehr kurzgestielten, 2-5 cm langen und geöffnet ebenso breiten Zapfen. Im Hochgebirge auch eine baumförmige wachsende, als Haken-Kiefer bezeichnete Varietät.

Gartentip: In Gärten, Parks und Friedhöfen in zahlreichen Sorten als Bodendecker und Zwergkoniferen angepflanzt.

Gemeiner Wacholder im Lebensraum

Gemeiner Wacholder, reife Beerenzapfen

Gemeiner Wacholder, männliche Blüten

Zwerg-Wacholder in den Alpen

Gemeiner Wacholder

Juniperus communis
Zypressengewächse
Aussehen: Immergrüner, aufrecht säulenförmig oder breitbuschig wachsender Nadelstrauch, 1-5 m, selten auch mehrstämmiger und wesentlich höherer Baum. Nadelblätter in abstehenden Dreierwirteln, bis 2 cm lang und 2 mm breit, sehr steif, spitz und stechend, oberseits rinnig, graugrün, mit breitem Mittelband. Blüten eingeschlechtig (zweihäusig), nur ausnahmsweise auch zwittrig. Weibliche Blüten mit mehreren Wirteln von Schuppenblättern, von denen die drei obersten bei der Reife fleischig werden und einen saftigen Beerenzapfen bilden. Beerenzapfen sehr kurzgestielt, reifen im zweiten Jahr nach der Blüte, rotschwarz und stark bläulich bereift. Duften beim Zerreiben sehr aromatisch. In sehr kleinen Mengen genießbar, in größeren gesundheitsschädlich.
Blütezeit: IV–VI, Zapfenreife ab VII–IX.
Vorkommen: Auf nährstoffarmen, flachgründigen Böden in Heiden, Magerweiden, Halbtrockenrasen und im Saum lichter Wälder. In Europa weit verbreitet.
Bestimmungstip: In den Alpen und in den Zwergstrauchgebieten der Arktis kommt eine kleinwüchsige, kriechende und sehr dichtästige Form vor, die manchmal als eigene Art, **Zwerg-Wacholder** *(Juniperus sibirica)* betrachtet wird.
Gartentip: Lichtholz. Meist als Solitär in zahlreichen Sorten in Parks und Gärten. Die Beerenzapfen sind wertvolle Nahrung für Tauben, Ring- und Wacholderdrosseln.

Sadebaum im Lebensraum

männliche Blüte

reife Beerenzapfen (giftig!)

Sadebaum, Stink-Wacholder

Juniperus sabina
Zypressengewächse
Aussehen: Immergrüner, sehr reichästiger Strauch mit liegenden, ausgebreiteten, besenartigen Ästen, 1-2 m, seltener auch knorriger Baum mit dichtbuschiger Krone.
Blätter von unterschiedlicher Gestalt: Jugendblätter nadelförmig in Dreierwirteln. Folgeblätter schuppenförmig, dicht anliegend in kreuzgegenständigen Längszeilen stumpf oder zugespitzt, riechen beim Zerreiben unangenehm.
Blüten eingeschlechtig, Pflanzen ein- oder zweihäusig.
Beerenzapfen kugelig, erbsengroß, zunächst grünlich, reif blauschwarz und stark bläulich bereift. **Giftig!**
Blütezeit: III–V, Beerenzapfenreife X des gleichen Jahres oder im Frühjahr.
Vorkommen: Meist auf kalkhaltigen Böden von offenen Felshängen, Gesteinsschutt, in Trockenfluren, lichten Kiefernbeständen und Lärchenwäldern. Europäische Hochgebirge. In Deutschland nur in den Ammergauer und Berchtesgadener Alpen, in Österreich in Nordtirol und Kärnten, in der Schweiz im Unterengadin und Wallis.
Bestimmungstip: Einen ähnlichen Gestaltwechsel der Blätter zeigt auch der aus Nordamerika stammende **Kriech-Wacholder** *(Juniperus horizontalis).* In zahlreichen Sorten als bodendeckende Zwergkoniferen angepflanzt.
Gartentip: Sehr lichtbedürftig. Meist als Solitär in offenen Heidegärten verwendet. Erträgt auch größere Trockenheit.

Chinesischer Wacholder, Früchte (giftig!)

Virginischer Wacholder, Blätter

Außer diesen beiden fremdländischen Wacholder-Arten finden sich unter den immergrünen Ziergehölzen von Parks oder Friedhöfen noch zahlreiche andere sowie deren zum Teil sehr stark abgewandelte Gartzenformen. Die genauere Bestimmung dieser Vielfalt ist recht schwierig.

Chinesischer Wacholder

Juniperus chinensis
Zypressengewächse
Aussehen: Immergrüner, sehr reichästiger Strauch mit aufrechten oder ausgebreiteten Ästen, 2- 3 m, oder dickstämmiger Baum mit kegelförmiger Krone. Blätter von verschiedener Gestalt: Jugendblätter nadelförmig, in Dreierwirteln, spitzwinklig abstehend, stechend spitz, oberseits mit zwei blaugrünen Längsstreifen, unterseits dunkelgrün. Folgeblätter schuppenförmig in vier Längszeilen, stumpf. Nadel- und Schuppenblätter duften beim Zerreiben angenehm aromatisch nach Harz. Blüten eingeschlechtig: Männliche Blüten sehr zahlreich, gelb, endständig an kurzen Zweigen. Weibliche Blütenstände unscheinbar.
Beerenzapfen bis 8 mm dick, mehlig, anfangs blaugrün, später bräunlich, kräftig blau-weißlich bereift.
Giftig!
Blütezeit: IV–V, Beerenzapfen reifen im Herbst des Folgejahres.
Vorkommen: Heimisch in Japan, China und Korea.
Bestimmungstip: Auch beim **Virginischen Wacholder** *(Juniperus virginiana)* treten anfangs nadelförmige, später schuppenförmige Blätter auf, die beim Zerreiben aromatisch duften. Er stammt aus dem atlantischen Nordamerika, wird aber kaum als Wildform, sondern recht häufig in einer schmalen Säulengestalt angepflanzt.
Gartentip: In zahlreichen Sorten als Ziergehölz (auch als bodendeckende Zwergkoniferen) verbreitet.
Für die heimische Tierwelt bedeutungslos.

Amsel im Weißdorn. Strauchpflanzungen sind eine Wohltat für Vögel und andere Tiere – nicht nur im Garten

Sträucher pflanzen

Maisäcker von Horizont zu Horizont, Zuckerrüben, soweit das Auge reicht, oder brettebenes Weidegrünland, auf dem nichts mehr den Blick aufhält – so langweilig und eintönig sieht in vielen Gegenden die Wirtschaftslandschaft wirklich aus. Angesichts solcher maschinengerechter, übersichtlicher und sehr freier Fluren, bei deren Herrichtung man den Begriff „Flurbereinigung" sehr wörtlich nahm und alles ausräumte, was der Flächenvereinheitlichung irgendwie im Wege stand, gerät wohl niemand ins Schwärmen. Von der klassischen Erholungslandschaft, vom Wunschbild für die nächste Wochenendwanderung, sind solche industrialisierten Agrarfluren denkbar weit entfernt. Zu erleben gibt es hier nichts mehr, denn auch die Pflanzen- und Tierwelt wurde vom Reinheitsgebot weggefegt.

Sträucher in Natur und Garten

Gebüschzeilen und Flurhecken unterschiedlicher Artenzusammensetzung stehen gerade auch der modernen Kulturlandschaft hervorragend zu Gesicht. Was Unvernunft und Unkenntnis an grünen Ausstattungsstücken der Ackerfluren in den vergangenen Jahrzehnten einfach wegrationalisiert haben, müßte dringend ersetzt oder wiederbegründet werden, damit das Netzwerk Landschaft wieder um so besser funktioniert und seine für uns alle vitalen Aufgaben erfüllen kann.

Flurhecken

Die Neuanpflanzung einer raumwirksamen Flurhecke ist ein Vorhaben, das die Möglichkeiten des Einzelnen übersteigt. Aber auch wenn man nicht selbst Eigentümer oder Nutzer größerer landwirtschaftlicher Flurstücke ist, kann die Neuanlage von Feldgehölzen und wegbegleitenden Hecken durchaus ein Thema für das eigene Mittun sein. Gerade in den Umweltämtern der Landkreise und kleinerer ländlichen Gemeinden werden auch künftig verstärkt Pflanzprogramme aufgelegt (werden müssen), um die unsinnigen Kahlhieblösungen der Vergangenheit zumindest ansatzweise wieder auszugleichen. Die örtlich oder regional tätigen Naturschutzverbände nehmen sich dieser Aufgabe meist sehr bereitwillig an, und auch die Jagdgenossenschaften oder Forstdienststellen setzen solche Maßnahmen um.

Wo immer ehrenamtliche Naturschutzgruppen aktiv sind, werden grundsätzlich auch helfende Hände gebraucht. Den Kontakt zu engagierten Gruppen und Vereinigungen stellen beispielsweise die Kommunalverwaltungen her. Da solche Vorhaben in der Regel fachlich vorbereitet und begleitet werden, können wir hier Artenauswahl und andere technische Hinweise für die Gestaltung einer Flurhecke übergehen.

Vogelschutzgehölze

Dekoration oder besonderer Schmuck sind sicherlich ein Argument, wenn es um die abwechslungsreiche Bestückung von Landschaft, Gärten oder Freiflächen in der Siedlung geht. Ein anderer und nach ökologischen Gesichtspunkten sogar noch viel wichtigerer Effekt ist die Bereicherung des Lebensraumangebots für Kleintiere, das von einer Strauchgruppen- oder Heckenpflanzung ausgeht. Wer ein Grundstück mit geeigneten Straucharten bepflanzt, unternimmt gleichsam eine Art sozialen Wohnungsbau für die bedrohte Tierwelt, denn zwischen Wurzel und Zweigspitze ist ein dichtwüchsiges Gehölz immer ein bemerkenswertes Gefüge ineinander verschachtelter Klein- und Kleinstlebensräume. Wissenschaftliche Untersuchungen haben wieder ergeben, daß Gebüsche und Hecken in der Flur zu den tierreichsten Landschaftselementen überhaupt gehören. Wer Hecken- und Strauchgehölze im eigenen Garten anpflanzt oder sich darum bemüht, daß sie auch auf geeigneten kommunalen Freiflächen vermehrt Verwendung finden, schafft die besten Voraussetzungen gegen die bedrohliche Artenverarmung unserer Kultur- und Zivilisationslandschaft.

Nutznießer sind unter anderem die Vögel. Dichtes Gezweig ist zu jeder Jahreszeit ein gerne aufgesuchter Aufenthaltsraum für Rast und Ruhe. Hochragende Äste werden sehr gerne als

Zum Bild: Prächtige Gehölzkulisse. Der stickstoffliebende Holunder ist ein Kulturfolger und daher eine Charakterart besonders der ländlichen Siedlungen.

Vogelschutzgehölze

Zilpzalp im Mischgehölz

Singwarten in Anspruch genommen, und etliche Arten wie etwa der Neuntöter starten von hier aus ihre Jagdausflüge in die nähere Umgebung.
Zaunkönig, Klappergrasmücke, Dorngrasmücke, Mönchsgrasmücke, Gartengrasmücke, Schwanzmeise, Girlitz, Grünfink, Hänfling, Gimpel, Heckenbraunelle, Nachtigall, Singdrossel, Gelbspötter und etliche andere Vögel sind ausgesprochene Heckenbrüter. Ihre Nester sind im dichten Ast- und Zweigwerk meist so gut versteckt, daß man sie erst nach dem herbstlichen Laubfall bemerkt.
In Großsträuchern oder verdichteten Gebüschinseln kann man im übrigen auch besondere Nisthilfen für Halbhöhlen- oder Höhlenbrüter wie Gartenrotschwanz, Trauerschnäpper, Grauschnäpper, Rotkehlchen, Feldsperling oder verschiedene Meisen anbringen – Arten, die in der aufgeräumten Agrar- und Siedlungslandschaft unter besonderem Wohnungsmangel zu leiden haben.
Schon allein von seiner räumlichen Struktur her ist jeder Hecken- oder Gebüschverband ein ideales Vogelschutzgehölz, das vor allem den Kleinvögeln eine Menge Aktionsmöglichkeiten eröffnet. Hinzu kommt natürlich das reichhaltige Nahrungsangebot. Viele unserer Singvogelarten sind zumindest zeitweise – und abhängig von der Marktlage – genießerische Fruchtfresser. Sie konsumieren dabei völlig schadlos auch solche Früchte, die für uns selbst ausgesprochen giftig und gefährlich sind. Verbotene Früchte sind für Menschen und Tier sehr verschieden.

Zum Bild: Dichte Gebüsche sind immer eine Einladung an Singvögel zum Ernten, Ausruhen, Verstecken oder Nisten.

Nahrung für Vögel

Stare naschen schon im Sommer von den ersten Beerenfrüchten der Saison, Drosseln räumen einen großen Teil der Wildfruchternte ab, und selbst erwiesene Insektenfresser wie Rotkehlchen und Rotschwänze oder Grasmücken erliegen im Spätsommer zum Beispiel den Verlockungen reifer Holunderfrüchte.

Der Biologe Reinhard Witt hat einmal zusammengestellt, wie viele Vogelarten von bestimmten fruchttragenden Wildstraucharten leben. Erstaunliche Zahlen kommen dabei zusammen. Die Vogelbeere macht ihrem Namen besondere Ehre, deckt sie doch den Tisch für mehr als 60 verschiedene Vogelarten. Trauben-Holunder und Gemeiner Wacholder ernähren immerhin mehr als 40 Arten, Kornelkirsche, Weißdorn, Pfaffenhütchen und Schneeball mindestens zwei Dutzend.

Die üppige Ernte der Sommer- und Herbstwochen wird durchaus nicht immer sofort genutzt. Selbst beim spätherbstlichen oder winterlich-sonnigen Spaziergang kann man daher nicht selten noch fruchttragende Wildsträucher erleben: zum Beispiel Pfaffenhütchen, Rosen, Gemeiner Schneeball und Wolliger Schneeball, Weißdorn oder Schlehe stehen gleichsam noch nach der eigentlichen Saison im vollen Ornat. Fast hat es den Anschein, als seien ihre Früchte übelschmeckende Ladenhüter, für die sich kein Schnabel interessiert. Tatsächlich enthalten manche Früchte besondere Geschmacksstoffe, die einen vorzeitigen Konsum blockieren. Erst ein paar kräftige Frostperioden bauen diese Inhaltsstoffe ab. Als sogenannte Wintersteher bilden sie dann gerade in Zeiten schwieriger Nahrungsversorgung einen hochwillkommenen Vorrat. Zu diesen Winterstehern gehören auch die Früchte mancher Ziersträucher wie Zier-Apfel oder Feuerdorn. Und was die emsig umherstreifenden Überwinterer nicht wegernten, findet bei den zurückkehrenden Zugvögeln im kommenden Frühjahr Zuspruch. Bezeichnenderweise erfolgt die Fruchtreife bei einigen heimischen Wildsträuchern sogar erst so spät, daß sie in die ersten Frühjahrswochen fällt und damit gerade in der noch insektenarmen Zeit Überbrückungshilfe leistet. Mistel- und Efeufrüchte sind solche Winterspezialisten.

Pollen- und Nektarinseln

Nicht nur Singvögel, sondern auch früchtefressende Kleinsäuger wie Igel, Siebenschläfer, Gartenschläfer, Haselmaus, Rötelmaus, Eichhörnchen und andere profitieren auf unterschiedliche Weise von den Strauchgehölzen. Auch für Insekten sind die heimischen Sträucher ausgesprochen einladend. Bereits im zeitigen Frühjahr und geraume Zeit vor dem

Zum Bild: Im Herbst sind die Heckenfrüchte die wichtigste Vogelnahrung: Star im Pfaffenhütchen (Spindelbaum).

Ligusterschwärmer

C-Falter

Kleiner Fuchs

Kleiner Eisvogel

Segelfalter

Laubaustrieb öffnen manche Arten ihre Blüten und halten gleichsam vor Beginn der Hauptsaison ein wohlsortiertes Pollen- und Nektarangebot bereit.
Strauch-Weiden oder Kornelkirsche gehören zu den sehr frühen Trachtpflanzen nicht nur für Bienen, sondern auch für Hummeln und Schmetterlinge. Da die Gärten in der Bundesrepublik eine ungefähr drei Mal so große Fläche einnehmen wie alle Naturschutzgebiete Mitteleuropas zusammen, kann man sich leicht vorstellen, wie wichtig naturnah gestaltete und reichhaltig bestückte Zier- und Nutzgärten auch für den Artenschutz sind. Außer den einjährigen Sommerblumen und blühkräftigen Stauden kommt darin gerade auch den Sträuchern eine besondere Rolle zu. Straucharten mit besonders engröhrigen Blütenkronen sind bei Schmetterlingen (Tag- und Nachtfaltern) äußerst beliebt. Geradezu sprichwörtlich attraktiv ist der Schmetterlingsstrauch oder Sommerflieder – eines der wenigen Beispiele dafür, daß auch ein aus anderen Verbreitungsregionen eingeführtes Ziergehölz für die heimische Kleintierwelt einen besonderen Stellenwert hat. Nicht nur Tagfalter wie Kleiner Fuchs, Tagpfauenauge, Distelfalter oder Admiral suchen die hübschen Blütenstände gleich im Dutzend auf – es lohnt sich, auch während der Abend- und Nachtstunden einmal gezielt nachzuschauen und das Gewimmel der zahlreichen dämmerungs- oder nachtaktiven Falter zu bestaunen. Neben dem Sommerflieder sind die Geißblatt-Arten, aber auch Aromapflanzen wie Thymian, Salbei und Lavendel besonders ergiebige Trachtquellen für Schmetterlinge.
Nicht zu vergessen ist, daß etliche heimische Strauchgehölze auch die notwendige Raupennahrung bereithalten – Faulbaum für den Zitronenfalter, Birke und Feld-Ulme für den Trauermantel, Geißblatt für den Kleinen Eisvogel, Sal-Weide für den Großen Schillerfalter, Schlehe und Weißdorn für den Segelfalter.

Zu den Bildern: Alle Entwicklungsstadien von der Eiablage bis zum fertigen Falter benötigen Gehölze als Lebensraumstrukturen.

Blickpunkt Strauch – auch in Dorf und Stadt

Ebenso wie Baum- und Strauchgehölze in der Kulturlandschaft außerhalb von Waldstücken und Forsten entweder als markante Einzelstücke verteilt, zeilenweise oder in gemischten Gruppen zusammengefügt sind und damit die landschaftstypische Ge-

Sträucher in Dorf und Stadt

Zum Bild: Laubfrösche halten sich über große Teile der Saison und oft genug unauffindbar im Geäst der hohen Sträucher und Bäume auf. Im dürren Laub dagegen fallen sie extrem auf.

ländegestalt besonders betonen, kommt ihnen auch im Siedlungsbereich eine wichtige ästhetische Aufgabe zu.
Grundsätzlich sind die Raumfunktionen von Gehölzbeständen in einer dörflichen Siedlung ähnlich zu bewerten wie die der großwüchsigen Bäume inmitten der Stadt. In beiden Fällen wirken sie schon allein wegen ihrer Größe als blickfangende und kulissenbildende Ausstattungsstücke. Die Wirtschafts- und Wohngebäude eines Dorfes wirken ungleich ansprechender, wenn sie von Einzelbäumen, Strauchreihen oder kleinen Gehölzgruppen flankiert werden. Auch in der Stadt läßt sich die unaufhörliche Aufreihung kubischer grauer Steinmassen und die Monotonie durchlaufender Fassaden optisch wirksam unterbrechen, wenn den Baukörpern eine Anzahl größerer Gehölze zur Seite steht. Das Erscheinungsbild von Siedlungen jeglicher Größenordnung läßt sich mit keinem Mittel so wirksam aufbessern wie mit Sträuchern und Bäumen.
Im ländlichen Raum leisten dorfnahe Gehölze zudem die so wichtige Einbindung der gesamten Ortschaft in die Landschaft. Schon das Aussehen des Ortes vermittelt in solchen Fällen ganz unmittelbar ein Gefühl des Schutzes und der Geborgenheit. Aber auch in der Stadt können Gehölzgruppen den Übergang der geschlossenen Siedlungslage in die von gänzlich anderer Flächennutzung bestimmten Bereiche des stadtnahen Umfeldes verschönern.
Sogar Industrieanlagen präsentieren sich optisch erträglicher, wenn sie von hochwüchsigen Laubgehölzen ummantelt sind und nicht völlig frei auf einer sonst ausgeräumten Fläche stehen.

Grün statt Grau

Was für die geschlossenen Ensembles von Baukörpern unterschiedlicher Zweckbestimmung gilt, dient auch der besseren Einbindung und sichtlichen Verschönerung von Einzelgebäuden. Gerade die unmittelbare Umgebung öffentlicher Gebäude lassen sich mit der richtigen Auswahl schmükkender Gehölze ansprechender gestalten. Für Verwaltungsgebäude, Krankenhäuser, Kirchen und Schulen sollte eine Gehölzbegrünung einfach unerläßlich sein.
Aber auch private Wohn- und Wirtschaftsgebäude wirken viel und ansprechender, wenn sie ein wenig Kosmetik aus eigenen Haus- und Gartengehölzen aufweisen. Bäume und Sträucher unterbrechen die steinerne Monotonie unseres täglichen Erlebnisraumes. Auf wohltuende Weise nehmen sie auch die Aufdringlichkeit vieler übergroß dimensionierter Baukörper zurück.
Und noch eines ist beson-

ders wichtig: Es geht letztlich nicht nur um grüne Kosmetik und bilderbuchreifes Aussehen unserer Wohnlandschaft, sondern auch um die Gestaltung von annehmbarem Lebensraum. Mit jedem zusätzlichen Strauch, der im häuslichen Zier- oder Nutzgarten wachsen, blühen und fruchten darf, durchbrechen wir unnötiges Einerlei und schaffen einen kleinen, aber notwendigen Ausgleich für den Verlust vieler Flächen die wir der Kulturlandschaft durch Asphalt und Beton genommen haben.

Für Abwechslungsreichtum und freundliche Umgebungsgestaltung sind Gehölze fast immer das richtige Mittel – vorausgesetzt, man verwendet standort- und landschaftsgerechte Arten.

Unverständlicherweise neigen viele Haus- und Gartenbesitzer bei der Gehölzbepflanzung gerade in Neubaugebieten sehr zur überproportionalen Bevorzugung gebietsfremder Nadelholzarten. So mancher Hausgarten mißrät damit zur Demonstrationsfläche für das preiswerte Koniferensortiment des nächsten Garten-Centers. Anstelle der Thuja-Hecke oder der Einheitszeile aus Omorika-Fichten wären heimische Laubholzarten eine mehr als überdenkenswerte Alternative. Auch für Azaleen, Rhododendren, Perückenstrauch, Korkenzieher-Hasel und etliche andere Modegehölze lassen sich als ökologisch sinnvoller Ersatz zahlreiche schmucke Wildstraucharten finden.

Sträucher für den Garten

Abgesehen von ihrem vielfältigen und bestimmt auch unersetzlichen ökologischen Nutzen sind Heckengehölze auch eine höchst praktische Zutat von Haus und Hof oder Garten und Gelände.

Früher bestand eine der wichtigsten Aufgaben der Hecken und Gebüsche unter anderem auch darin, Grundstücke abzugrenzen und zu sichern. In vielen Gegenden, beispielsweise in der Bretagne, in England und Wales oder im norddeutschen Tiefland ist es bis heute noch üblich, Weideflächen oder Flurstücke mit Heckenzeilen einzufassen, um die Aktionsräume von Rindern, Pferden oder Schafen überschaubar und kontrolliert einzuteilen oder das Weidevieh aus bestimmten Teilflächen herauszuhalten.

Eine dichtwüchsige Hecke ist ein sehr zuverlässiger Schutz. Nicht umsonst spricht man bei solchen Grundstückseinfassungen auch von Einfriedung oder Hag, worin jeweils das besonders Geschützte, Umhegte und Behagliche zum Ausdruck kommt.

Ein durch entsprechende Pflegemaßnahmen ausreichend verdichtetes Gebüsch ersetzt im übrigen einen Zaun aus Maschen- oder Stacheldraht vollwer-

Zum Bild: Passende Straucharten gibt es für viele Biotoptypen, auch für Gewässerränder.

Hortensien an einem bretonischen Bauernhaus

Zum Bild: Nur in wintermilden Gebieten entfalten die Gartenhortensien ihre volle Blütenpracht.

tig und sieht zweifellos auch viel schöner aus als eine technisch betonte Lösung aus Stein oder Metall.

Zur Sicherheit eine Hecke

Ähnliches gilt auch für die Hecke im Siedlungsraum. Eine genügend verdichtete und dazu auch noch mit dekorativen Dornsträuchern bestückte Mittel- oder Hochhecke ist ein ebenso unüberwindliches wie undurchdringliches Hindernis. Sie hält unerwünschte Besucher auf Distanz und gewährt auch streunenden Hunden keinen zusagenden Durchschlupf, erweist sich aber als willkommene Einladung für Singvögel wie Drosseln, Grasmücken oder Heckenbraunellen. Wie in der naturbetonten Kulturlandschaft erlauben Hecken im Siedlungsraum somit nur den kleinen Grenzverkehr von Heckenbewohnern oder Kleintieren wie Steinmarder oder Igel. Hinzu kommt, daß eine Hecke natürlich auch dem Bedürfnis nach Sichtschutz zur Straßenfront oder gegebenenfalls auch zur angrenzenden Nachbarschaft sehr entgegenkommt. Und nicht zuletzt: Als lebender Zaun wirkt sie einfach viel ansprechender und natürlicher als martialische Festungsanlagen wie Betonmauern, Drahtverhaue oder gar Stellwände aus Dachbaustoffen.

Alles spricht eigentlich für die Wahl von Hecken nicht nur in der freien Landschaft, sondern gerade auch im Bereich von Haus und Garten. Das im jahreszeitlichen Ablauf wechselnde Bild vom Laubaustrieb über den Blütenschmuck bis hin zum dekorativen Fruchtbehang der Spätsommer- und Herbstwochen entschädigt vollauf für die wenigen Pflegearbeiten, die man zumindest einer Haus- und Gartenhecke zukommen lassen muß, damit sie ihre vielen ökologischen und technischen Funktionen auch auf Dauer erfüllen kann. Im Vergleich zu einem Blumen- oder Gemüsebeet aber ist eine Hecke nicht aufwendig in der Pflege.

Sträucher am Haus

Gehölze sind ausgesprochen wichtige und sehr wirksame Bestandteile einer gesunden Umwelt. Für ein paar besondere Gehölzakzente ist nämlich auch auf sehr kleinen Flächen am Haus oder im Garten immer noch genügend Raum. Wenn alle Rechtsprobleme ausgeräumt und die örtlich geltenden Mindestabstände geklärt sind, kann man planen und zwischen mehreren Gestaltungsmöglichkeiten wählen. Entweder schmückt man das Haus mit einer schön gestuften, aber eine gewisse Offenheit bewahrenden Kulisse aus unterschiedlich hohen Gehölzen, oder man bevorzugt eine stärker geschlossene, grenzbetonende Heckenpflanzung, die das eigene Anwesen mit einer hohen, grünen Wand umgibt. Die Form folgt auch in diesem Fall jeweils der beabsichtigten Funktion. Auch Mischlösungen zwischen Einzelpflanzung, dichten Gebüschgruppen und Hochhecken sind realisierbar. Wenn es die Verhältnisse zulassen, ist sogar eine Kombination mit grünen Fassadenkletterern ausgesprochen reizvoll.

Grüne Fassade

Abweisend kahle Hausfassaden und öde, wenig attraktive Mauerzüge sind in der modernen Siedlungslandschaft oft überreichlich vorhanden. Aber wo einfallslose Architektur ohne gestalterische Rücksichtnahme einfach unförmige, gesichtslose Stein- und Betonmassen in die Gegend gestellt hat, ist dennoch nicht alles verloren, lebendiges Grün bringt immer Abhilfe.

Deckende Verkleidung

Raschwüchsige Schling- und Kettersträucher können so manchen brutalen Baukörper mit sympathischem Grün verkleiden und auf diese Weise eine erträgliche optische Einbindung leisten. Darüber hinaus bieten sie im Hinblick auf das Kleinklima, auf die Strahlungs-, Wind- und Immissionsbelastung nach baubiologischen Kriterien so viele eindeutige Vorzüge, daß es eigentlich verwundert, warum immer noch große Skepsis verbreitet ist und von dieser einfachen und effektvollen Begrünung nicht viel häufiger Gebrauch gemacht wird. Zudem beanspruchen viele hochreichende Fassadenkletterer erstaunlich wenig Wurzelraum, so daß sie selbst für eng gestellte Stadthäuser sehr geeignet erscheinen. Ein grünes oder der Jahreszeit entsprechend buntes Pflanzenkleid sieht nicht nur ansprechend aus, sondern schafft eventuell auch inmitten urbaner Unwirtlichkeit ein paar notwendige und wirksame Anklänge an Naturnähe. Warum also nicht eine wohltuende pflanzliche Kulisse dem häßlichen Grenzmauerwerk oder der langweiligen Gebäudefassade ganz unmittelbar auf die Pelle rücken lassen?

Kletterkünstler

Außerordentlich vielseitig verwendbar sind die zum Beispiel verschiedenen Jungfernreben, die ohne künstliche Kletterhilfe auskommen und, je nach Art mit oder ohne Haftscheiben, mühelos auch an senkrechten Flächen hochwachsen. Sie sind sommergrün und verabschieden sich im Herbst mit einem enormen Farbspektakel.
Wer eine immergrüne Verkleidung bevorzugt, sollte Gemeinen Efeu verwenden. Dessen Haftwurzeln dringen jedoch bei ihren Verankerungsversuchen in Ritzen und Fugen ein und können hier nach Jahrzehnten durchaus auflockernd wirken.
Andere, auch für sehr hochragende Verkleidungen besonders geeignete Schling- und Klettersträucher sind die Weinrebe,

Mut zur Deckung: Fassadenkleid aus Jungfernrebe

die vor allem an stark besonnten Wänden zusätzlich eine reiche Fruchternte verspricht, während der Blauregen nur durch seinen äußerst üppigen frühsommerlichen Blütenbehang erfreut.
Wo es weniger darauf ankommt, Fassaden vom Kellergeschoß bis zum Giebel einzugrünen, sondern wenige Meter hohes Mauerwerk etwas ansehnlicher zu gestalten, sind die Gemeine Waldrebe, andere *Clematis*-Arten, Kletter-Hortensie oder die schlingenden Geißblatt-Arten von Vorteil. Schließlich mildert auch die Hecken-Rose die Kontraste einer jäh aufragenden Mauer zur übrigen Umgebung. Die zuletzt genannten Strauch-Arten sind eventuell für unterstützende Vorrichtungen wie Lattengestelle, Drahtgitter oder eingedübelte Haken sehr dankbar.

Gruppengestaltung

Die Artenbestückung seiner Wohnumgebung muß man natürlich nach Flächenzuschnitt, Größe und Ausrichtung des Grundstückes treffen.
Wenn die Entscheidung für die aus optischen und raumverbessernden Gründen unbedingt empfehlenswerten ein oder zwei Hausbäume (bitte nicht Atlas-Zeder, Blaufichte oder Scheinzypresse, sondern möglichst Wildobstarten wie Eberesche, Speierling, Mehlbeere oder Traubenkirsche) feststeht, geht man an die Auswahl der Strauchgehölze. Zur besseren und raumwirksamen Grüneinbindung sollte man diese in jedem Fall blickfangenden Bäumen ein paar Großsträucher in Einzelpflanzung oder als Kleingruppen zur Seite stellen. Sinnvollerweise arrangiert man diese Solitäre, die nach

Zum Bild: Fassadengrün ist nicht nur eine ökologische Sonderleistung, sondern auch baubiologisch von großem Vorteil.

wenigen Jahren außer einer kulissenbildenden Wuchshöhe auch einen durchaus respektablen Umfang erreichen können, am ehesten in den Gartenhintergrund (vorzugsweise an Nordwest- bis Nordostflanken), damit im Vordergrund noch genügend Raum für blühfreudige Stauden oder Sommerblumen bleibt.

Empfehlenswerte Großsträucher für eine optisch sehr wirksame und gleichzeitig auch noch dekorative Abschluß- oder Hintergrundbepflanzung wären beispielsweise Felsenbirne, Gemeine Hasel, Roter Hartriegel, Goldregen, Schwarzer Holunder, Feld-Ahorn, Schlehe oder eine der beiden Weißdorn-Arten.

Wo es die räumlichen Vorgaben einschließlich der Gartennachbarschaft zulassen, kann man mit einer lockeren Gruppenpflanzung schmucker Wildsträucher sehr ansprechende Stufenlösungen erzielen, die im Aussehen der räumlichen Staffelung der Gehölze etwa an einem Wald- oder Gebüschrand sehr nahekommen. Da viele heimische Strauchgehölze von Natur aus im Unterwuchs der Wälder vorkommen und daher durchaus schattenverträglich sind, kann man auf diese Weise auch die sonnenabgewandten Flächen vor den Nord- und Nordostflanken eines Hauses gestalten oder sonstige von der Bebauung geschaffene Winkel auffüllen, in denen die fast immer sehr sonnenhungrigen Sommerblumen ohnehin schlecht gedeihen.

Für diese ganzjährig etwas dunkleren Bereiche des Grundstücks eignen sich sehr gut Liguster, Pfaffenhütchen, Faulbaum, Stechpalme und schließlich auch die normalerweise baumförmig wachsende Hainbuche.

Haus- und Gartenhecken

Obwohl Hecken in der freien Landschaft und im Siedlungsraum eine Reihe sehr ähnlicher Aufgaben erfüllen, gibt es auch bestimmte Unterschiede, die man bei der Wahl der richtigen Heckengehölze beachten muß.

Flurhecken sollen Verbindung schaffen und haben oft sehr viel mehr Platz, um sich zu wandhohen Gehölzverbänden oder als optische Leitlinien zu entwickeln, während sie auf bescheidener bemessenen Wohngrundstücken eher einen begrenzenden, dichtgrünen Zaun bilden oder neugierige Blicke fernhalten sollen und deswegen durch regelmäßigen Pflegeschnitt in Form gehalten werden müssen.

Verdichten durch Rückschnitt

Eine klassische Kastenhecke aus Liguster, die man mindestens einmal im Jahr zurechtstutzen muß, ist für die unmittelbare Wohnumwelt sicher ein größerer Gewinn als düster schwarzgrünen Wände aus Eibe oder Thuja, die dem Garten eher den spezifischen Charme eines Friedhofs verleihen. Weitaus schöner und für den Artenschutz auf dem eigenen Gartengrundstück ungleich wirksamer ist natürlich eine möglichst bunt gemischte Wildhecke, die Abwechslungsreichtum während des ganzen Jahres bringt, weil die verschiedenen Heckengehölze zu unterschiedlichen Zeitpunkten blühen und fruchten.

Wenn man die Hecke durch einen sehr intensiven Schnitt in eine sehr starre geometrische Kastenform zwingt, unterdrückt man allerdings in gewissem Umfang die Blüten- und Fruchtentwicklung. Wo immer es machbar ist, sollte man daher einer Haus- oder Gartenhecke einen gewissen Entfaltungspielraum zugestehen, damit sie auch ihren jahreszeitlich wechselnden Schmuck zeigen kann.

Zu den Bildern: Besondere Rindenstrukturen wie Korkleisten, Stachel oder Lentizellen erfüllen besondere Aufgaben und dienen als Artmerkmale.

Rindentypen

Pfaffenhütchen

Korbweide

Gemeiner Schneeball

Brombeere

Kratzbeere

Tartaren-Hartriegel

Flechtenbesatz

Bunte Vielfalt an der Gartengrenze

Bildschöne Hecken
Besonders schnittverträglich und für eine artenreich durchmischte Hecke zur Grundstücksabgrenzung empfehlenswert sind von den heimischen Laubstraucharten beispielsweise der Liguster, Gemeine Berberitze, Weißdorn, Schlehe, Hecken-Rose, Wolliger Schneeball und Rote Heckenkirsche.

Rechtsprobleme an der Gartengrenze

Es kann durchaus am Gartengrün liegen, wenn sich zwei Nachbarn nicht besonders grün sind. Wie alles im Leben kann auch die Nutzung und Bepflanzung des eigenen Grundstücks zum Streit- ja sogar zum Rechtsfall werden. Gegensätzliche Nutzungsinteressen und Einschätzungen werden dabei um so brisanter, je näher man sich auf die Gartengrenzen hinbewegt.
Grundsätzlich regelt das bürgerliche Gesetzbuch (BGB) in seinen §§ 909-924 sowie in § 1004 die nachbarschaftlichen

Zum Bild: Höhengestaffelte Mischhecken aus verschiedenen Laubsträuchern sind äußerst dekorativ und erweitern das Lebensraumangebot des Gartens.

Rechtsbeziehungen gerade auch im Hinblick auf die Gartennutzung. Zusätzlich gibt es in den einzelnen Bundesländern ein besonderes, in Einzelheiten abweichend geregeltes Nachbarrecht. Wer es ganz genau wissen möchte, sollte sich zuvor beim

Ordnungs- oder Grünflächenamt der betreffenden Gemeinde erkundigen. Auch Umweltberatungsstellen oder die regional tätigen Naturschutzverbände können in Zweifelsfällen mit brauchbaren Ratschlägen weiterhelfen. Da die Festlegungen im Nachbarrecht meist recht allgemein gehalten sind, hat die neuere Rechtsprechung versucht, durch eine Reihe von Grundsatzentscheidungen die Rechtssicherheit zu verbessern bzw. konkreter auszugestalten. Erfreulicherweise ist dabei ein Trend zugunsten von Naturhaushalt, Siedlungsökologie und Umwelt zu beobachten.

Kleiner Grenzverkehr

So ist Fallaub, das von überhängenden Ästen auf das Nachbargrundstück rieselt oder vom Herbstwind in die Umgebung verweht wird, kein einklagbarer Sachverhalt mehr. Auch Samenflug von Wildpflanzen, die sich in einem naturnah gestalteten Garten in gewisser Anzahl ansiedeln, gilt nach neuerer Rechtsauffassung nicht als ordnungswidrige Immission, sondern als normale Lebensäußerung des Gehölzes zu werten, die man als solche hinnehmen muß.

Die wichtigsten Einschränkungen, die das Nachbarrecht der Bundesländer vorgibt, betreffen die einzuhaltenden Grenzabstände von Gehölzpflanzungen.

Bei sehr starkwüchsigen Baumarten, die eine umfangreiche und entsprechend schattenwirksame Kronenentwicklung erwarten lassen, muß der Pflanzabstand zur Grundstücksgrenze mindestens vier Meter betragen.

Bei kleineren Bäumen und Großsträuchern muß zwischen Pflanzloch und Grenze ein Abstand von mindestens zwei Meter eingehalten werden.

Niedrige Heckengehölze bis etwa zwei Meter Wuchshöhe müssen im Abstand von 0,5-1 m gepflanzt werden. Außerhalb dieser Mindestabstände kann man ein Grundstück beliebig mit Bäumen und Sträuchern bestücken.

Angesichts der oft recht schmalen Grundstücksbemessungen kann eine ökologisch sinnvolle Bepflanzung mit Strauch- und Baumgehölzen unter zentimetergenauer Einhaltung der vorgeschriebenen Mindestabstände sehr schwierig werden. In solchen Fällen ist es sinnvoll, mit den jeweiligen Nachbarn abweichende Einzelheiten der Grenzbepflanzung gesondert zu vereinbaren.

Zum Bild: Spektakuläre Blütenfülle bei erstaunlicher Wuchsleistung: Glyzinien benötigen Kletterhilfen.

Sträucher pflanzen

Viele heimische Straucharten sind ökologische Spezialisten. Manche Arten wie Gagelstrauch oder der Sumpf-Porst bevorzugen nasse Moorböden, andere wie Weichsel-Kirsche oder die Felsen-Zwergmispel trockene Felsstandorte. Einige sehr dekorative Sträucher wie die Strauch-Kronwicke oder der Blasenstrauch sind in warmen Klimaten zu Hause, andere wie die Krähenbeere oder die Graue Heide bevorzugen das wintermilde und feuchte atlantische Klima. Solchen Strauchgehölzen mit speziellen Ansprüchen und Vorlieben kann man im eigenen Garten die entsprechenden Vorzugsbedingungen meist nicht anbieten.

Ansprüche an den Boden

Die Mehrzahl der heimischen Straucharten oder der Ziersträucher aus anderen Verbreitungsgebieten ist hinsichtlich der Bodenqualität zum Glück nicht allzu wählerisch. Viele heimische Wildsträucher sind Wald- oder Waldrandarten, und auch die Strauchgehölze der freien Flur wachsen auf ehemaligen Waldstandorten. Da unsere Gartenböden sich meistenteils von durchschnittlichem Ackerland herleiten, finden diese Sträucher – von Sonderfällen abgesehen – auch am Haus und im Garten durchaus zusagende Bedingungen.

Vorbereiten der Pflanzgrube: Boden an der Pflanzstelle mindestens zwei Spaten tief ausheben und eine weitere Spatentiefe gründlich lockern.

Nach dem Einpflanzen wird das Pflanzgut mit reichlich Wasser eingeschlämmt. Auf die richtige Pflanztiefe im gelockerten Boden achten!

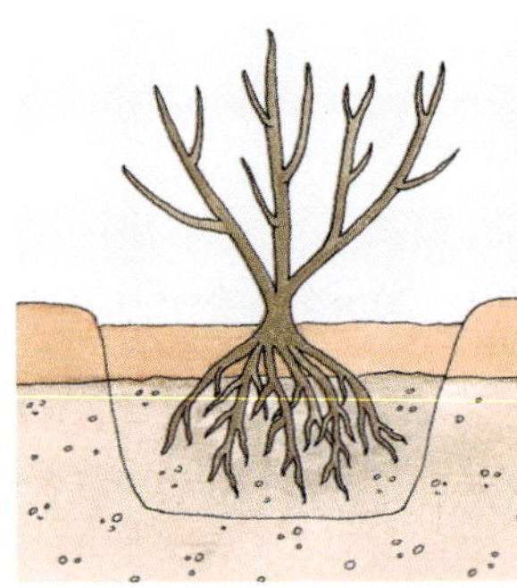

Schließlich wird die Pflanzgrube mit Mutterboden oder Komposthumus so aufgefüllt, daß ringsum ein handbreittiefer Gießrand bleibt. Der Wurzelansatz (Übergang zum Stämmchen) darf nur knapp unter der Bodenoberfläche liegen. Regelmäßiges Gießen nach dem Auspflanzen verbessert den Anwachserfolg.

Vorbereitung des Bodens

Wo Gartengelände bereits seit längerer Zeit genutzt wird, ist eine besondere Bodenaufbereitung vor der Gehölzpflanzung an sich entbehrlich. Anders stellt sich die Sache bei der Grüngestaltung im Neubaugelände dar. Hier ist der Boden oft stark verdichtet, oder man hat mit dem Aushub der Baugruben den Mutterboden lastwagenweise weggekarrt. Eine tiefgründige Lockerung durch Umgraben mindestens bis in doppelte Spatentiefe sowie die Verwendung bodenverbessernder Mittel wie Gründüngung, Sägemehl, Strohhäcksel, Schreddergut, Komposterde oder Rindenschrot (kein Torf!) schaffen für die meisten Gartengehölze annehmbare Startbedingungen.

Bodenpflege?
Sobald die Pflanzung sich gut entwickelt hat, kann sich die weitere Bodenpflege auf gelegentliches, vorsichtiges Lockern der Bodenoberfläche beschränken. Regelmäßige Düngung mit Industrieprodukten ist nicht erforderlich.
Um genügend Pflanzennährstoffe verfügbar zu haben, empfiehlt sich ein viel besseres und zudem den natürlichen Verhältnissen am Wildstandort der Sträucher entsprechendes Mittel:
Im Sommer kann man unter den Sträuchern gelegentlich etwas Rasenschnitt ausbringen und auf der Fläche verrotten lassen, im Herbst unterlegt man die Sträucher mit zusammengeharktem Falllaub oder einem Teil des anfallenden Schreddergutes, wenn die Staudenbeete abgeräumt wurden.

Artenwahl
In der nordwesteuropäischen Niederung ein Alpinum mit Kleingehölzen aus dem Hochgebirge anzulegen, ist ebenso unsinnig wie der atlantische Heidegarten im höheren Mittelgebirge. Die Artenwahl für die Strauchbestückung von Haus und Garten sollte sich möglichst nach Umgebung und Standort richten. Ein Spaziergang durch Wald und Flur orientiert darüber, was für eine bestimmte Gegend typisch und für den Gehölzbestand des Gartens empfehlenswert ist.
Garten-Exoten sind in ihrer jeweiligen Heimat bestimmt sehr nützlich. Am falschen Ort oder in einer völlig fremden Umgebung sind sie – von ganz wenigen Ausnahmen abgesehen – ökologisch eher minderwertig.

Pflanzgut – kaufen oder kultivieren?
Kein wirklicher Naturfreund wird mit dem Klappspaten das nächste Flurgehölz oder Waldstück aufsuchen und das benötigte Pflanzgut für den eigenen Garten einfach plündern, auch wenn es sich nicht um seltene oder gar besonders geschützte Straucharten handelt. Zum artenreichen Bestand am Haus und im Garten führen andere und weitaus unproblematischere Wege:

<u>Die eigene Anzucht</u>
Aus dem Urlaub, vom Wochenendausflug oder Nachmittagsspaziergang ein paar wenige (!) Samen oder Früchte für die gezielte Anzucht mitzubringen, ist sicherlich unbedenklich.
Samen aus Apfel- und Steinfrüchten oder Beeren, auch Nüsse (Haselnüsse, Bucheckern, Eicheln, Kastanien) steckt man in normaler Gartenerde in einen genügend großen Blumentopf und gräbt diesen in ein freies Gartenbeet ein. Nach dem Keimen und Erstarken der Gehölzsämlinge wird der Sämling an den endgültigen Standort gepflanzt.
Samen aus Trockenfrüchten (Kapseln und Hülsen) kann man über Winter trocken lagern und im Frühjahr dann eine ganz normale Vorkultur in Anzuchtschalen oder flachen Töpfen beginnen. Zu dicht stehende Sämlinge werden pikiert und vereinzelt. Sobald sie etwa 15–30 cm Wuchshöhe erreicht haben, kann man sie auspflanzen.

<u>Stecklinge</u>
Viele Laubgehölze lassen sich relativ einfach über Stecklinge vermehren, zum Beispiel Buchsbaum, Liguster, Schwarzer Holunder, Sanddorn, Schneeball, Weiden und Zwergmispeln. Man verwendet dazu ungefähr handlange Endabschnitte kräftiger, einjähriger Zweige, die man vorzugsweise nach dem Laubfall, aber vor den ersten Frostnächten schneidet und über Winter bis auf ein knapp fingerlanges Endstück in feuch-

Pfaffenhütchen

Tartaren-Hartriegel

Perückenstrauch

Forsythie

Südbuche

ten Sand einschlägt und mit Fallaub, Sägemehl, Strohhäcksel oder Rindenmulch abdeckt. Im folgenden Frühjahr steckt man sie dann im Freiland einfach mit genügendem Abstand in Gartenerde oder in große Anzuchtkästen, bis sie in der Folgesaison verpflanzungsfähig werden.

Pflanzen kaufen

Die einfachste Methode, das richtige Pflanzgut in der passenden Größe und Anzahl zu bekommen, ist ein Besuch im Gartencenter oder in der Baumschule. Mitunter lohnt sich auch die Nachfrage beim nächsten Forstamt. Sämtliche Wildsträucher sind als Baumschulpflanzen zu haben, aber nicht immer sind alle gewünschten Arten vorrätig.

Sträucher pflanzen

Bester Pflanztermin für die sogenannte Ballenware sind die Oktoberwochen.
Sämlinge oder Jungpflanzen, die in einem großen Anzuchttopf wurzeln(Containerware), können in der gesamten Vegetationszeit von März bis November gepflanzt werden.
Wichtig ist, eine genügend große Pflanzgrube auszuheben und den Boden auch in deren Umkreis zu lockern, damit sich die Wurzeln optimal entwickeln können.
Regelmäßiges und ausreichendes Wässern ist vor allem in der Zeit des Anwachsens erforderlich.

Zu den Bildern: Die enorme Formenfülle der Blätter steigert sich im Herbst durch besondere Farbakzente. Hier eine Auswahl besonders leuchtender Herbstfärbungen

Wieviele Pflanzen?

Wenn man eine normale, buschige Wildhecke plant, benötigt man bei einreihiger Pflanzung je laufendem Meter drei bis vier Sträucher, bei zweireihiger Pflanzung die doppelte Menge.
Für eine Kastenhecke rechnet man fünf bis sechs Pflanzen je Meter.
Ein zuvor erarbeitetes Pflanzschema für die ausgewählten Straucharten hilft, die richtige Menge an Pflanzgut zu ermitteln.

Sträucher pflegen

An sehr windoffenen Stellen, beispielsweise oberhalb der Küstenklippen im atlantischen Westeuropa, ist regelmäßige Strauchpflege ganz unnötig. Die stetige Windbelastung wirkt hier wie eine unentwegt zuschnappende Gartenschere und sorgt dafür, daß sich Kronen und Gezweig teppichartig verdichten.
Weiter im Binnenland sind Gartensträucher und Heckenzeilen fast immer ein Pflegefall. Schließlich bleiben Gartenanlagen immer künstliche, gelenk-

Wildsträucher auf einen Blick

	für trockenen Boden	für feuchten Boden	benötigt viel Licht	erträgt Halbschatten	gedeiht auch im Schatten	für Hecken geeignet	schnittverträglich	besonderer Blütenschmuck	dekorativer Fruchtschmuck	wichtig für heimische Kleintiere
Ahorn, Feld-	●		●	●		●	●			●
Berberitze	●		●	●		●	●	●	●	●
Brombeere	●	●	●	●		●	●	●	●	●
Faulbaum		●		●	●	●		●		●
Felsenbirne	●		●			●	●	●	●	●
Hartriegel, Roter	●		●	●		●	●	●	●	●
Haselnuß		●	●	●		●	●	●		●
Himbeere	●		●			●		●		●
Holunder, Schwarzer		●	●	●		●	●	●	●	●
Holunder, Trauben-		●	●	●		●	●	●	●	●
Johannisbeere	●			●				●		●
Kreuzdorn	●		●	●		●	●	●		●
Liguster		●	●			●	●	●	●	●
Pfaffenhütchen		●	●	●		●	●	●		●
Sanddorn	●		●					●		●
Schlehe	●		●	●		●	●	●	●	●
Schneeball, Gemeiner		●	●	●		●	●	●	●	●
Schneeball, Wolliger	●		●	●		●	●	●	●	●
Stechpalme	●	●	●	●	●			●		●
Wacholder, Gemeiner	●		●					●		●
Weide, Sal-		●	●	●		●	●	●	●	●
Weißdorn, Eingriffeliger	●		●	●		●	●	●	●	●
Weißdorn, Zweigriffeliger		●	●	●		●	●	●	●	●
Wild-Rosen	●		●			●		●	●	●

steme, die ein gewisses Maß an ordnenden und kontrollierenden Eingriffen erfordern.

Schneiden ist wichtig!
Der Schnitt ist für Gehölze die wichtigste Pflegemaßnahme. Er teilt den verschiedenen Straucharten den benötigten Wuchsraum zu, hält raschwüchsige Arten etwas zurück und fördert die konkurrenzschwächeren.
Günstigster Termin für Pflegeschnitt ist für die meisten Gehölze die Zeit der Vegetationsruhe zwischen Ende Oktober und Anfang März (siehe Tabelle).
Schneidearbeiten führt man mit einer kräftigen, vor allem scharfen Garten- oder Baumschere an frostfreien Tagen durch. Die Schnitte setzt man möglichst nahe am Stamm oder Hauptast an und schrägt sie jeweils senkrecht ab. Entstehen dabei Wunden von mehr als Markstückgröße, sollte man sie zum Schutz gegen Pilzinfektionen und Fäulnis mit Baumbalsam (aus dem Gartenfachhandel) verschließen.
• Auslichtungsschnitt entfernt bei Park- und Gartengehölzen überzählige Stämmchen und Äste. Bei Heckengehölzen in der freien Landschaft, die eine gewisse Verdichtung erreichen sollen, ist er entbehrlich.
• Rückschnitt wirkt ähnlich wie der viel häufigere Formschnitt: Er regt die Bildung neuer Triebe und Verzweigungen an. Dazu entfernt man unter Bewahrung des Gesamterscheinungsbildes eines Strauches oder einer Strauchgruppe etwa alle vier Jahre die jeweils stärksten und am weitesten ausladenden Äste bis zur Ansatzstelle am Altholz oder bis zum Boden.
• Radikalschnitt entfernt den größten Teil der Stämme und Äste eines Strauchgehölzes ab etwa 20–30 cm über dem Boden. Gerade bei Feldhecken sollte man alle 15 bis 20 Jahre zu dieser Methode greifen, um ein Durchwachsen zur Baumreihe zu verhindern und die Vitalität der Heckensträucher neu zu beleben.
Größere Heckenzeilen setzt man allerdings nie in ganzer Länge auf den Stock, sondern arbeitet über mehrere Jahre abschnittweise, damit immer genügend Ausweichraum für die Tierwelt bleibt.

Termine für den Gehölzschnitt

	Jan	Feb	März	Apr	Mai	Juni	Juli	Aug	Sept	Okt	Nov	Dez
Obstbäume	•	•									•	•
Laubwerfende Formhecken							•	•	•			
Immergrüne Hecken			•	•								
Beerensträucher	•									•	•	•
Andere Sträucher	•	•									•	•
Rosen			•	•						•	•	•

An Randgruppen denken
Wo an Waldrändern oder in der Feldflur Gruppen oder Zeilen von Strauchgehölzen wachsen, umgeben sie sich fast immer mit einem Saum begleitender Wildkräuter. Genau so kann es auch im naturbetonten strauchreichen Garten aussehen. Der

Unterwuchs und Randbepflanzung

Alpen-Rose in verschiedenen Aufblühstadien

Zum Bild: Nur ungefüllte Wild-Rosen sind auch für die heimische Tierwelt von Nutzen.

Platz unter oder vor den einzelnen Sträuchern scheidet keinesfalls für weitere Pflanz- und Gestaltungsmaßnahmen aus. Er eignet sich beispielsweise hervorragend für zahlreiche Frühblüher, die ihre gesamte Entwicklung vom Sprießen bis zum Fruchten ungefähr mit dem Laubaustrieb der Gehölze abschließen. Außer Schneeglöckchen, Krokus, Goldstern und Hasenglöckchen kann man hier sehr vorteilhaft auch Märzenbecher, Winterling, Busch-Windröschen, Leberblümchen, Wald-Primel, Scharbockskraut, Kriech-Günsel und März-Veilchen verwenden. Ferner eignen sich für die randliche Anreicherung von Strauchzeilen natürlich Arten, die auch in der Kulturlandschaft in sogenannten Saumgesellschaften auftreten. Neben Weißer, Gefleckter und Gelber Taubnessel kämen hierfür besonders Große Sternmiere, Gundermann, Schöllkraut und Lichtnelken in Frage. Auch Waldmeister breitet sich unter Strauchbeständen gerne aus.

Sehr schattige Stellen an oder unter Strauchgruppen im Garten lassen sich auch sehr dekorativ und gleichzeitig ökologisch sinnvoll mit heimischen Waldfarnen betücken. Dazu kann man großwüchsige Arten wie Gemeinen Wurmfarn und Wald-Frauenfarn oder die etwas kleineren Arten wie Tüpfelfarn oder Buchenfarn verwenden. Diese und ebenso den gleichermaßen geeigneten, als Wildpflanze besonders geschützten Hirschzungenfarn bietet der Fachhandel als Containerware an.

Giftige Wild- und Ziersträucher

Auch schwarzglänzende Tollkirschen sehen irgendwie verlockend und einladend aus. Was die Natur an glänzenden Angeboten bereithält, darf nicht immer den Weg in die Küche und den Kochtopf antreten, denn viele Pflanzen sind nun einmal stark oder gegebenenfalls sogar fatal giftig. Solche Arten muß man jedoch nicht rigoros aus dem Garten verbannen, sondern wissen, wie man mit dem Problem umgeht. Besonders wichtig ist, die betreffenden Arten zuverlässig zu kennen. Da vor allem die reifen(den) Früchte gegenüber Blättern und Blüten die größere Gefährdung darstellen, müssen schon die Kleinkinder dazu erzogen werden, auf keinen Fall vorbehaltlos alles zu verschlucken, was irgendwie bunt und saftig aussieht. Die Gefahren durch Sträucher aus Natur und Garten sind im Grunde nicht größer als bei anderen dekorativen Gartenpflanzen wie zum Beispiel Fingerhut oder Feuerbohne.
Mit vorbeugenden Hinweisen lassen sich Giftprobleme schon weit im Vorfeld wirksam vermeiden, und sollte dies nicht möglich sein, sollte man bei der Bepflanzung eines Gartens, in dem sich Kleinkinder aufhalten, auf die giftigen Arten dann eben ganz verzichten.

Strauchart (Auswahl)	Giftigkeit			giftige Pflanzenteile	
	giftig!	gefährlich!	Vorsicht!	Trieb/ Blatt	Samen/ Frucht
Besenginster	●				●
Blauregen	●				●
Bocksdorn	●				●
Efeu	●				●
Eibe		●			●
Faulbaum		●		●	●
Ginster-Arten	●		●	●	
Goldregen			●	●	●
Heckenkirsche	●				●
Kirschlorbeer	●			●	●
Kreuzdorn	●				●
Liguster	●				●
Pfaffenhütchen		●		●	●
Roter Holunder	●				●
Sadebaum		●		●	●
Schneeball-Arten	●			●	
Schneebeere	●				●
Seidelbast			●	●	●
Stechpalme	●				●

Zu den Bildern: Sehr viele Wild- und Ziersträucher tragen im Herbst giftige Früchte – hier eine Auswahl. ▶

Giftige Früchte von Wild- und Ziersträuchern

Gemeiner Efeu

Gemeine Eibe

Faulbaum

Rote Heckenkirsche

Liguster

Mahonie

Wolliger Schneeball

Jungfernrebe

Gemeiner Schneeball

Roter Hartriegel

Pfaffenhütchen

Schneebeere

Gemeiner Seidelbast

Kirschlorbeer

Stechpalme

Arten- und Sachregister

Halbfett gesetzte Seitenzahlen verweisen auf Abbildungen.

Arten- und Sachregister

Arten- und Sachregister

Der Natur auf der Spur.

34,-DM/265,- öS/35,- sfr.

34,-DM/265,- öS/35,- sfr.

34,-DM/265,- öS/35,- sfr.

34,-DM/265,- öS/35,- sfr.

34,-DM/265,- öS/35,- sfr.

39,80 DM/311,- öS/39,80 sfr.

39,80 DM/311,- öS/39,80 sfr.

34,80 DM/272,- öS/35,80 sfr.

34,-DM/265,- öS/35,- sfr.

34,-DM/265,- öS/35,- sfr.

34,-DM/265,- öS/35,- sfr.

39,80 DM/311,- öS/39,80 sfr.

Änderungen und Irrtum vorbehalten.

Mehr draus machen.
Mit GU.

GU GRÄFE UND UNZER

Arten- und Sachregister

Arten- und Sachregister

Der Autor:
Dr.Bruno P.Kremer, Botaniker und Hochschullehrer an der Universität Köln.
Autor vieler erfolgreicher Pflanzen- und Naturbücher (u.a. GU Naturführer Wiesenblumen,GU Naturführer Waldblumen) und Mitarbeiter an zahlreichen wissenschaftlichen und populärwissenschaftlichen Zeitschriften.

Die Fotografen:
Bärtels: Seite 16 u., 93 li.o., 102 li., 103 re., 106 li., 130 re.u., 132 li.o., 133 re., 155 li.u., 159 li.o., 161 li.o., 162 re.u., 175 li., 176 li., 177 re.o., 183 li.o., 226 u., 231 (Kirschlorbeer); Bechtel: Seite 99 li., 160 re., 166/167, 226 Mi.u.; Becker: Seite 2/3, 19, 70 re., 73 li.u., 96 li.o., 133 li.u., 186, 193 li., 211; Brandl: Seite 25; Cramm: Seite 12, 85 re.; de Meester: Seite 164 li.o., 164 re.o.; Delpho: Seite 24, 53, 66 re.Mi., 105 li.u.; Diedrich: Seite 89, 115 li., 163 re.o.; Eigstler: Seite 17, 23, 67 li., 72 li., 86 li., 93 re.o., 171 li., 192 re., hintere Klappe (Himbeere, Sanddorn); Eisenbeiss: Seite 13, 14, 45, 67 re.o., 76 li., 92, 93 li.u., 105 li.o., 110, 111, 122 re.o., 134 li., 136 li.o., 141 re., 143 li., 145 li., 146, 153 li.o., li.u., 162 li., 172 li.o., 188 li., 194/195, 201 li., 203 li.; HAPO/Oetelshofen: 131 re.; Harrer: Seite 43, 79 li., 164 re.u., 181 li.o.; Hinz: Seite 57, 113 li., 188 re., 214 Mi.u.; Hortig: U1-Klappe, Seite 15, 139 re.u., 208/209, 212, 214 Mi.o., 231 (Rote Heckenkirsche); Jacobi: vordere Klappe (Gemeiner Wacholder), Seite 47, 64 re.o., 77 re., 94 re.u., 108 re.u., 115 re.u., 124 re., 137 li.o., 139 re.o., 150 li.u., 151 li.u., 158 re.o., 168 li., 169 re.o., 176 re.u., 180 re.o., 215, 231 (Gemeiner Seidelbast), hintere Klappe (Kornelkirsche); Janke: Seite 103 li., 178 re.u., 187 li., 196 li.u.; Kremer: Seite 22, 39 (alle), 42, 49, 56 (alle), 101 re., 104 re.u., 115 re.o., 120 re., 137 li.u., 144 li., re.o., re.Mi., 151 li.o., 157 li., 161 re.o., 165 li., re., 169 li., 172 re., 174 re., 181 li.u., 185 li.u., 187 re., 198 li.o., li.u., re., 199 re.u., 200 re., 203 re.o., 204 re.u., 207 re., 217, 221 li.o., li.Mi., Mi.Mi., re.u., 226 Mi.o., Mi.; Lauber: vordere Klappe (Sadebaum), Seite 46 u., 48, 51, 52, 66 re.o., 68 li.Mi., 69 re.u., 75 li.u., 84 re., 87 li.o., li.u., 88 li., 95 re.o., 96 re.o., 98 re.u., 100 re.u., 104 re.o., 106 re., 108 re.o., 123 li., 125 re.o., re.u., 127 re., 135 re., 142 re.o., 143 re.o., 147 li., 150 re., 155 re., 156 li., re., 163 re.u., 169 re.M., 173 re.u., 175 re.o., re.u., 176 re.o., 178 re.o., 180 re.Mi., re.u., 183 li.u., 184 re., 190 re., 192 li.u., 193 re.o., 196 li.o., 197 re.u., 199 re.o., 200 li., 203 re.u., 206 re.o., re.u., 221 re.Mi., 229, 231 (Gemeiner Schneeball, Schneebeere), hintere Klappe (Gemeine Brombeere, Felsen-Johannisbeere); Laux: Seite 4/5, 16 o., 18, 44, 64 re.u., 65 re.o., re.u., 68 re., 69 re.o., 71 li., re., 72 re.Mi., 75 re., 76 re.u., 78 li., re., 80 re.o., 81 li.u., 83 re., 84 li., 87 re., 88 re.o., 95 re.u., 98 li., 100 li., 101 li., 107, 108 li., 112 li., re.o., re.u., 113 re., 114 re., 116 li.o., 117 li., 118 re., 119 re., 121 li.u., re.u., 122 li.u., 123 re., 124 li., 125 li.o., 126 li., 140 li.u., 141 li.o., li.u., 142 re.u., 148 re.u., 149 li., re.o., re.u., 150 li.o., 159 li.u., re.o., re.u., 164 li.u., 168 re., 169 re.u., 172 li.u., 174 li., 179 re.o., 181 re., 185 li.o., 191 li.o., re.o., 197 li., 201 re.o., 205 re.u., 206 li., 207 li., 221 re.o., hintere Klappe (Blaubeere); Limbrunner: Seite 105 re., 155 li.o., 205 li.o.; Müller, W.: vordere Klappe (Stechpalme, Stachelbeere); Seite 82 re.o., 143 re.u., 231 (Wolliger Schneeball); Nickig: U1, Seite 11, 50, 55, 72 re.u., 88 re.u., 96 li.u., 98 re.o., 125 li.u., 134 re., 136 li.u., 138 re.Mi., 144 re.u., 160 li.o., 170 re.o., 176 re.Mi., 191 li.u., 216, U4 u.; Pforr: vordere Klappe (Fächer-Zwergmispel, Korbweide, Weinrebe, Brombeere, Fünfblättrige Jungfernrebe), Seite 26, 40 o., u., 41, 58/59, 62/63, 79 re., 80 li., 85 li., 96 re.u., 102 re., 104 li.u., 116 li.u., re.u., 119 li.o., 122 re.u., 130 li.o., li.u., 147 re., 153 re., 157 re.o., 160 li.u., 170 li., re.u., 183 re., 191 re.u., 193 re.u., 201 re.u., 205 re.o., 213, 214 Mi., 231 (Gemeiner Efeu, Jungfernrebe), hintere Klappe (Wildapfel, Schlehe, Preiselbeere, Hecken-Rose); Quedens: Seite 120 li.u.; Reinhard: Seite 27, 28, 29, 54, 66 li., 70 li., 73 re., 74 li., re.u., 76 re.o., 81 re., 82 li., 83 li., 90 li., re.o., 91 li., re., 93 re.u., 94 li., re.o., 95 li., 97, 99 re., 100 re.o., 114 li., 119 li.u., 121 li.o., re.o., 122 li.o., 127 li., 132 re., 133 li.o., 136 re., 138 li., 140 li.o., re., 142 li., 145 re., 148 li., 152 li., 158 li., 171 re., 173 li., 177 li., 178 li., 179 li., 180 li., 182, 184 li., 196 re., 197 re.o., 202 li.u., re., 204 re.o., 222, 223, U4-Klappe; Riedmiller: Seite 10, 46 o., Mi., 116 re.o., 120 li.o., 131 li., 135 li.u., 137 re., 138 re.o., 151 re., 161 li.u., re.u., 162 re.o., 163 li.u., 221 li.u., 226 o., 231 (Liguster, Roter Hartriegel); Schacht: Seite 68 li.o., 81 li.o., 109 li., re.u., 138 re.u., 189 re.; Scharbert: Seite 152 re.; Scherz: vordere Klappe (Korallenbeere, Berg-Holunder), Seite 139 li., 154 re., 157 re.u., 231 (Gemeine Eibe, Mahonie), hintere Klappe (Stachelbeere, Berberitze); U4 li.o., re.o.; Schrempp: Seite 21, 68 li.u., 69 li., 74 re.o., 82 re.Mi., re.u., 90 re.u., 126 re., 130 re.o., 177 re.u., 179 re.u., 202 li.o., 205 li.u., hintere Klappe (Gemeiner Wacholder); Seidl: Seite 64 li., 65 li., 67 re.u., 75 li.o., 77 li., 80 re.u., 109 re.o., 132 li.u., 148 re.o., 154 li., 173 re.o., 189 li., 190 li., 199 li.; Siepmann: Seite 117 re., 118 li.; Werle: Seite 214 u.; Willner: Seite 8/9, 36/37, 86 re., 158 re.u., 192 li.o., 219, 231 (Faulbaum, Pfaffenhütchen); Wothe: vordere Klappe (Gemeine Eibe), Seite 6, 66 re.u., 104 li.o., 128/129, 135 li.o., 163 li.o., 185 re., 204 li., 231 (Stechpalme), 238/239, hintere Klappe (Schwarzer Holunder); Zeller: Seite 72 re.o., 73 li.o.

1.Auflage 1994

© 1994 Gräfe und Unzer Verlag GmbH, München
Alle Rechte vorbehalten.
Nachdruck, auch auszugsweise, sowie Verbreitung durch Film, Funk und Fernsehen, durch fotomechanische Wiedergabe, Tonträger und Datenverarbeitungssysteme jeder Art nur mit schriftlicher Genehmigung des Verlages.

Redaktionsleitung: Hans Scherz
Redaktion: Sonnhild Bischoff
Herstellung: Verena Römer
Layout: Heide Blut
Umschlaggestaltung: Heinz Kraxenberger
Zeichnungen: Marlene Gemke
Satz: L☆O☆W, München
Repro: Gartner
Druck und Bindung: Kaufmann

ISBN 3-7742-2088-3

Foto Seite 238/239: ▶
Nordische Strauchlandschaft in herbstlicher Färbung.

Schwarzer Holunder (→ Seite 171)

Gemeine Himbeere (→ Seite 182)

Viele Wildsträucher tragen im Herbst eßbare Samen und Früchte – hier nur eine kleine Auswahl aus dem reichen Angebot der Natur.

Wild-Apfel (→ Seite 145)

Gemeine Brombeere (→ Seite 181)

Felsen-Johannisbeere (→ Seite 141)